# BONSAI

## *für jeden*

# BONSAI für jeden

Werner M. Busch

Die wichtigsten Gruppen
Die schönsten Arten
Die beste Pflege

blv

# Inhalt

# Einführung

► Japanische Azalee (*Rhododendron indicum* 'Kaho'), Sammlung H. Kastner, Alter ca. 60 Jahre, Höhe ca. 80 cm.

# Bonsai – kaufen, pflegen und gestalten

Vor ein paar Jahren musste man noch erklären, was ein Bonsai ist, weil sich in Europa nur ein kleiner eingeschworener Kreis mit diesen Pflanzen beschäftigte. Inzwischen sieht man kleine Bäumchen mit der Aufschrift »Bonsai« auf der Verpackung in jedem Gartencenter oder im Baumarkt, und fast jeder hat eine Vorstellung davon, was sich hinter diesem Namen verbirgt. Trotzdem sind die Meinungen darüber, wie eine Pflanze aussehen muss, die den Namen »Bonsai« verdient hat, sehr unterschiedlich. Meistens bezeichnet man damit freilich ein Gehölz in Miniaturform, das in einem besonderen Gefäß, der Bonsai-Schale, gehalten wird. Durch geeignete gestalterische Eingriffe erhält es das Aussehen eines alten Baumes. Dieses Phänomen, in einer so kleinen Pflanze einen großen Baum zu erkennen, macht einen wesentlichen Teil des Reizes aus, der von Bonsai ausgeht.

Die geringe Größe dieser Miniaturbäume – Bonsai sind zwischen 10 und 100 cm groß –

► Pfaffenhütchen (*Euonymus europaeus*), Alter ca. 8 Jahre, Höhe 40 cm – In den ersten Jahren seiner Entwicklung ist ein Bonsai noch lange nicht perfekt. Doch bereits jetzt macht es viel Freude, an und mit ihm zu arbeiten.

◄ Fächerahorn *(Acer palmatum)*, Sammlung H. Lehner, Drillingsstamm, Alter ca. 80 Jahre, Höhe ca. 90 cm – Erst mit zunehmendem Alter reifen Form, Struktur und Charakter des Baumes.

macht es möglich, einen Baum ganz aus der Nähe zu betrachten, den man sonst in der Natur nur ehrfürchtig von Weitem sieht. Viele Menschen haben zu einer bestimmten Baumart eine besondere Beziehung. Wenn sie diese Baumart als Bonsai pflegen, lernen sie ihre Bedürfnisse, Reaktionen und ihren Lebensrhythmus intensiv kennen. Mit einer Eiche oder einer Buche in Miniaturform kann man einen gemeinsamen Lebensweg beginnen, der auch durch den Wechsel des Wohnortes nicht unterbrochen werden muss.

Nicht zuletzt ist der gestalterische Aspekt für viele Menschen ein Grund, sich mit Bonsai zu beschäftigen. In den Ergebnissen kann sich die eigene Beziehung zur Natur und die Einstellung zum Leben selbst widerspiegeln.

Theoretisch ist es möglich, jedes Gehölz als Bonsai zu gestalten. Je nach verwendeter Baumart ist das zu erwartende Ergebnis allerdings unterschiedlich überzeugend. Pflanzen, die von Natur aus schon kleine Blätter haben, sind natürlich besser geeignet, weil die Proportionen beim Bonsai dann glaubwürdiger sind.

# Was zeichnet Bonsai aus?

► Auch dieser bereits gut entwickelte Wurzelansatz würde mit zusätzlichen Verzweigungen noch reifer wirken.

Jeder Bonsai befindet sich in ständiger Entwicklung und Veränderung. Die verschiedenen Faktoren, aus welchen der Bonsai aufgebaut ist, müssen daher von Jahr zu Jahr weiterentwickelt werden.

**Bonsai-Schale:** Größe, Form und Farbe der Bonsai-Schale sollten optisch eine Einheit mit dem Baum bilden. In der ersten Zeit der Entwicklung steht ein Bonsai oft in einer zu großen und auch in der Form nicht passenden, aber biologisch günstigeren Schale. Erst ab einer gewissen Entwicklungsstufe wird bei der Auswahl der Bonsai-Schale mehr Wert auf gestalterische Aspekte gelegt.

► Für jeden Bonsai gibt es die zu seinem Charakter passende Schale.

▼ Ein schöner, kräftiger Stamm, der gleichmäßig nach oben hin dünner wird.

**Erdoberfläche:** Die Erdoberfläche ist traditionell mit einem geschlossenen Moosteppich bewachsen. Dieser siedelt sich oft von selber an. Das Moos kann aber auch in der Natur an sonnenexponierten Stellen gesammelt werden. Zur Gestaltung der Erdoberfläche können auch Steine verwendet werden.

**Wurzelansatz oder Wurzelfuß:** Als Wurzelansatz oder Wurzelfuß bezeichnet man die Wurzeln, die der Stammbasis entspringen und sichtbar in der Erde verschwinden. Im Idealfall wachsen sie in einer Ebene und gleichmäßig in alle Richtungen, allerdings nicht direkt auf den Betrachter zu.

**Stamm:** Der ideale Stamm beginnt in einer kräftigen Basis und verjüngt sich zur Spitze hin fließend, ohne starke Sprünge aufzuweisen. Man erreicht dies, indem der Stamm in den ersten Jahren mehrfach stark eingekürzt wird und dann der höchste Seitenast die Spitze übernimmt.

**Äste:** Bei einem reifen Bonsai entspringen die Äste deutlich sichtbar und an ihrer Basis kräftig dem Stamm, um sich dann nach außen zu verjüngen und immer feiner zu verzweigen. Durch den regelmäßigen Rückschnitt entwickelt sich dies mit der Zeit von selbst. Die unten am Stamm sitzenden Äste sollten die kräftigeren sein und die oberen die dünneren. Nach oben können die Abstände zwischen den Ästen immer enger werden.

**Blätter:** Die besten Proportionen erreicht man mit möglichst kleinen Blättern. Deshalb werden oft kleinblättrige Baumarten bevorzugt. Allerdings nimmt die Blattgröße mit zunehmender Verzweigung automatisch ab.

**Blüten und Früchte:** Durch ihre Farbenpracht sind Blüten und Früchte wichtige Gestaltungselemente. Sie haben beim Bonsai meist die gleiche oder eine ähnliche Größe wie beim ausgewachsenen Baum in der Natur.
Pflanzen, die gleichzeitig männliche und weibliche Blüten entwickeln, nennt man »einhäusig«. Gibt es dagegen von einem Gehölz männliche und weibliche Pflanzen, dann heißt diese Art »zweihäusig«. So tragen beispielsweise nur weibliche Eiben auch später Früchte.

▲ Eine feine Verzweigung lässt einen Bonsai alt wirken.

◄◄ Je filigraner die Verzweigung ist, umso kleiner bleiben die Blätter.

TIPP **Um glaubwürdige Proportionen zwischen der Größe des Bonsai und der seiner Früchte zu erzielen, sucht man am besten Arten oder Sorten mit kleinen Früchten aus, etwa Felsenmispel, Weißdorn, Kornelkirsche oder Zierapfelsorten.**

◄ Kleinfrüchtige Zieräpfel gibt es in zahlreichen Sorten.

# Der gekaufte Bonsai

Der erste Kontakt zu einem Bonsai entsteht häufig dadurch, dass man diesen geschenkt bekommt. Oft kauft man sich auch eine günstige Pflanze im Baumarkt oder Gartencenter. Auch wenn diese Bäume meist nicht die nötigen Bedingungen vorfinden, um sich im Laufe der Jahre zu ausdrucksstarken Bonsai zu entwickeln, so ist dennoch der erste Kontakt geknüpft und die Freundschaft zu diesem Bonsai oder zu Bäumen im allgemeinen kann sich entwickeln.

Wenn man das Thema Bonsai für sich entdeckt hat, sollte man sich zunächst darüber klarwerden, wo ein geeigneter Platz vorhanden ist, um einen Bonsai aufzustellen. Wichtig ist, dass sich der Bonsai dort auch über die Jahre weiterentwickeln kann. Als nächstes informiert man sich darüber, welche Baumart sich für diesen ausgewählten Platz eignen könnte.

## Ideal: ein Bonsai in der Entwicklung

Bei der Beschäftigung mit dem Thema Bonsai wird man rasch auf die Begriffe Jungpflanze, Rohpflanze und Solitär stoßen. Eine **Jungpflanze** ist ein bis vier Jahre alt, also eine junge Pflanze, die mehr oder weniger stark auf ihre Zukunft als Bonsai vorbereitet ist. In der Regel steht sie bereits in einer Bonsai-Schale und wird nur als Zimmer- oder Indoor-Bonsai gehalten. Jungpflanzen haben den Vorteil, dass die Form noch nicht endgültig festgelegt ist und man deshalb seine eigenen Vorstellungen, wie sich der neue Bonsai entwickeln soll, weitgehend verwirklichen kann.

**Rohlinge** sind ältere Pflanzen, die regelmäßig zurückgeschnitten wurden und deshalb zwar klein sind, aber schon einen kräftigen Stamm haben. Die spätere Wuchsform ist in gewissen Grenzen schon festgelegt.

Als **Solitär** bezeichnet man einen ausgereiften Bonsai, der in einer ausgesuchten Schale steht, mit dieser eine Einheit bildet und in seiner Form und Ausstrahlung einzigartig ist. Solche Bäume sind meist mindestens 25 Jahre alt. Sozusagen zwischen Rohling und Solitär befinden sich die Pflanzen, die man als **Bonsai in der Entwicklung** bezeichnen kann. Sie sind ideal, wenn man sich einen ersten Bonsai kaufen möchte.

► In Gartencentern stehen so genannte Indoor-Bonsai oft als Sonderangebot günstig zum Verkauf. Doch nicht alle sind wirklich für die Pflege in der Wohnung geeignet.

## Fachhandel, Gartencenter oder Internet?

Während man sogenannte Indoor-Bonsai, also Bonsai für die Wohnung, in vielen Gartencentern, oder sogar Baumärkten kaufen kann, ist die eigentlich interessantere Gruppe, die der Outdoor-Bonsai (Freiland-Bonsai), nur in Fachgeschäften zu finden. Diese spezialisierten Geschäfte sind leider nicht überall anzutreffen, deshalb ist das Internet ein beliebter Treffpunkt für Bonsaifreunde und Bonsaihändler. Da der

tatsächliche Wert eines Bonsai jedoch nicht anhand eines Fotos festgestellt werden kann, weil man Fehler nicht erkennen kann, sollte man im Internet keine teuren Bonsai kaufen. Beim Kauf von Jungpflanzen oder auch jungen Bonsai in der Entwicklung, ist das Risiko kalkulierbar, so dass man sich hier ruhig die eine oder andere Pflanze für die ersten Versuche zulegen kann.
Hochwertige Bonsai sollte man auf alle Fälle nur im Fachhandel kaufen. Hier wird man auch ausführlich beraten und erhält wichtige Hilfestellung bei der Entscheidung, welche Baumart für den zur Verfügung stehenden Standort die richtige ist.

## Zimmer- oder Freiland-Bonsai?

Zimmer- oder Indoor-Bonsai stammen aus subtropischen bis tropischen Klimazonen und wachsen das ganze Jahr über. Deshalb entwickeln sie sich schneller als Freiland- oder Outdoor-Bonsai, die immer eine Winterruhe durchlaufen. Daher sind Zimmer-Bonsai oft deutlich günstiger. Allerdings sind die Bedingungen in unseren Wohnungen nicht gerade ideal für die weitere Entwicklung der meisten subtropischen und tropischen Baumarten. Häufig treten Gesundheitsprobleme auf, besonders im Winter wegen der trockenen Luft und des geringen Lichts. Wer die Möglichkeit hat, seinen Bonsai im Freien zu halten, also im Garten oder auf dem Balkon, der sollte sich für einen Outdoor-Bonsai entscheiden. Man hat eine deutlich größere Auswahl geeigneter Pflanzen, die zudem viel robuster sind, weil sie in ihrem natürlichen Klimabereich stehen können.
Während die Indoor-Bonsai in der Regel immergrün sind, verändern sich die Outdoor-Bonsai mit den Jahreszeiten: Im Frühjahr wachsen das neue Laub und die Blüten, im Sommer reifen die Früchte und im Herbst entwickelt sich die für die entsprechende Baumart typische Herbstfärbung.

◀ In Japan gibt es auf speziellen Märkten Bonsai aller Entwicklungsstufen. Für einen alten Baum werden nicht selten mehrere 1000 Euro bezahlt. Japanische wie europäische Gehölze werden im Freien gehalten.

## Was kostet ein Bonsai?

Der Preis einer Pflanze richtet sich nach ihrem Alter, ihrer Form und nach der entsprechenden Baumart. Je älter eine Pflanze ist, umso teurer ist sie. Leider kann man das Alter eines Baumes nicht eindeutig bestimmen und muss deshalb den Angaben des Händlers glauben. Doch auch der Händler kann das Alter meist nur schätzen, wenn er die Pflanze nicht selbst herangezogen hat. Als Faustregel kann man sich merken:
Je besser größere Schnittstellen bereits zugewachsen sind und je feiner die Verzweigung eines Baumes ist, umso älter ist dieser.
Die Form eines Bonsai ist meist nach einer sogenannten Bonsai-Stilart gestaltet (siehe Seite 27 ff.). Je besser diese Stilart getroffen ist und umso besser die verschiedenen Elemente, aus denen jeder Bonsai aufgebaut ist (siehe Seite 10/11), entwickelt sind, umso wertvoller ist ein Bonsai.
Bestimmte Baumarten sind als Bonsai besonders beliebt. Meist werden diese dann auch entsprechend häufig angeboten, einige dagegen aber auch nur selten. Diese sind dann entsprechend teuer. Nadelbäume in Form zu halten, ist aufwendiger als bei Laubbäumen, deshalb sind sie auch teurer

# Bonsai selbst anziehen

Man kann einen Bonsai entweder kaufen (siehe Seite 12/13) oder selbst ziehen, zum Beispiel aus Sämlingen oder Stecklingen. Allerdings braucht man dafür schon etwas Erfahrung im Umgang mit diesen Miniaturbäumen.

## Bonsai aus Sämlingen oder Stecklingen

Sämlinge oder Stecklinge werden im Fachhandel unter dem Begriff **Jungpflanzen** angeboten und sind meist schon mehrere Jahre alt. Man kann diese auch selbst aus Samen heranziehen. Stecklinge von Pflanzen, die als Indoor-Bonsai geeignet sind, lassen sich leicht bewurzeln: Die 5–7 cm langen Aststücke steckt man direkt in nährstoffarme Erde. Das Gefäß wird so lange mit Folie abgedeckt, bis die Pflanzen neue Blätter treiben. Nach und nach kann man dann die Folie entfernen und vorsichtig mit dem Düngen beginnen.

Bei Stecklingen wachsen die Wurzeln seitlich aus dem Spross und können deshalb leicht zu einem guten Wurzelfuß entwickelt werden. Bei Sämlingen müssen die Wurzeln, die direkt unter dem Spross entspringen, frühzeitig entfernt werden. Die seitlich entspringenden müssen so sortiert werden, dass sie sich nicht kreuzen oder gegenseitig behindern. Jungpflanzen setzt man die erste Zeit in ein optisch zu großes Gefäß, weil sie sich darin schneller entwickeln können. Während die Wurzeln nun nur noch alle zwei Jahre bearbeitet werden müssen, ist

► Bei Apfelbaum-Jungpflanzen handelt es sich meist um Veredelungen, hier Pflanzen im Alter von zwei, drei und fünf Jahren.

► Die gleiche Apfelbaum-Sorte als 15-jähriger Bonsai.

►► In Japan werden die verschiedenen Sorten der Mädchenkiefer auch über Stecklinge vermehrt.

◀ Bonsairohlinge werden in den ersten Jahren auf dem Feld gehalten. Auch hier werden Äste und Wurzeln regelmäßig zurückgeschnitten.

es für einen makellosen Aufbau des Stammes notwendig, die entsprechenden Korrekturen möglichst frühzeitig durchzuführen.
Während man an die Wurzeln bei allen Bonsais ähnliche Ansprüche stellt, ist die Form des Stammes ausschlaggebend für das Gesamtkonzept der Gestaltung. Der Stamm gibt das Thema vor. So sind die Äste eines bewegten Stammes ebenfalls mit Bewegungen versehen, während einem geraden Stamm auch gerade Äste entspringen sollten, damit die Gestaltung glaubwürdig wirkt.
Je früher man sich für eine Form entscheidet, umso weniger Spuren hinterlassen die Gestaltungsmaßnahmen. Um die gewünschte Verjüngung beim Stamm zu erreichen, wird dieser eingekürzt und ein Seitenast wird als Stammverlängerung verwendet. Durch mehrfaches Wiederholen dieser Maßnahme wird der Stamm unten dick, weil hier das älteste Stück sitzt. Nach obenhin werden die Stammstücke immer jünger und dünner, weil sie regelmäßig aus Seitenästen gebildet wurden.
Mit dem ersten Rückschnitt des Stammes legt man gleichzeitig die Höhe des ersten Astes, des Hauptastes, fest. Will man eine frei aufrechte Form gestalten, gibt man dem Stamm mit jedem Rückschnitt auch eine Richtungsänderung, wodurch die Stammbewegung entsteht. Das Stammstück zwischen den einzelnen Richtungsänderungen sollte nach oben hin immer kürzer werden. Entsprechend werden auch die Äste entwickelt. Auch hier wird so zurück geschnitten, dass ein Seitenzweig die Astverlängerung bilden kann. Ein Beispiel für die Anzucht aus Stecklingen finden Sie auf Seite 14.

## Bonsai aus Rohpflanzen

Rohpflanzen sind meist zwischen fünf und zehn Jahren alt. Man kauft sie in einer Baumschule oder einem Gartencenter oder erwirbt eine Pflanze aus einem Bonsai-Fachbetrieb, die bereits mehr oder weniger stark auf ihre Zukunft als Bonsai vorbereitet wurde.
Da Pflanzen aus Baumschulen meist günstiger sind, übt man am besten damit das Gestalten. Die erste Bonsai-Rohpflanze aus einem Fachbetrieb sollte möglichst unter Anleitung eines erfahrenen Gestalters entwickelt werden. Man sucht die Baumschulpflanze so aus, dass möglichst viele der vorhandenen Äste für die Entwicklung des späteren Bonsai verwendet werden können. Außerdem achtet man von Anfang an auf die Bewegung des Stammes, weil diese ja, wie bereits erwähnt, das Thema des Bonsai vorgibt. Ist der Stamm biegsam, kann er eventuell noch gebogen werden. Gut geeignet für erste Gestaltungsversuche sind kleine Baumschulwacholder.
Hat man eine Vorderseite festgelegt und sich für eine bestimmte Bonsai-Stilart entschieden, dann entfernt man zunächst die überzähligen Äste. Bei den verbleibenden Ästen sollten die unteren Äste dicker sein. Nun werden die Äste gedrahtet und in Position gebracht. Dann kürzt man sie ein und entfernt das an den Ästen nach unten hängende Grün. Danach stellt man die

▼ Eine Apfelbaumrohpflanze (links) und kurz nach ihrer ersten Gestaltung (rechts).

Pflanze etwa zwei Monate hell, aber sonnengeschützt auf. Später könnte man die Wurzeln bearbeiten und den Baum in eine erste Bonsai-Schale pflanzen.

## Bonsai aus Findlingen

Hat man sich vorgenommen einen **Findling** zu gestalten, sollte man sich sicher sein, dass die Pflanze bereits zwei bis drei Jahre in einem Gefäß gehalten wurde. Ob ein Findling für eine Gestaltung ist, erkennt man daran, dass der Austrieb des letzten Jahres kräftig und gesund war. Findlinge sollten nicht zu Übungszwecken gestaltet werden. Wegen ihres oft hohen Alters müssen sie mit viel Respekt behandelt werden. Nadelbaum-Findlinge haben oft lange Äste, bei welchen das Grün weit außen sitzt. In den ersten zwei Jahren schneidet man im grünen Bereich der Äste zurück, so dass im Inneren neue Knospen entstehen. Sind genug Nadeln in Stammnähe vorhanden, kann die Gestaltung beginnen: Hat man die Vorderseite und die Stilart festgelegt, kann man wie bei Rohlingen die überzähligen Äste abschneiden. Ein paar Äste, die man eigentlich zum Aufbau einer Krone nicht benötigt, lässt man als Reserve stehen. Die am Baum verbliebenen Äste werden nun gedrahtet und in Position gebracht. Danach sollte der Baum zwei bis drei Monate hell, aber vor direkter Sonne geschützt, aufgestellt werden. Frühestens ein Jahr später kann der Baum die erste Schale erhalten.

Laubbaumfindlinge werden oft von Wild zurück gebissen und haben deshalb kurze Äste mit extrem zahlreichen Knospen. Sind sie frisch ausgegraben, muss zunächst ein großer Teil dieser Knospen entfernt werden. Dann können die im Frühjahr erscheinenden Blätter von den wenigen Wurzeln, die eine solche Pflanze hat, auch versorgt werden. Innerhalb der nächsten zwei Jahre gibt man der Pflanze Zeit, um Wurzelmasse zu entwickeln und an Verzweigung zuzulegen. Dann beginnt man mit den ersten Gestaltungsmaßnahmen. Von den ersten Maßnahmen bis zum reifen Bonsai vergehen im Durchschnitt zehn Jahre. Diese Zeit sollte man sich und der Pflanze auch lassen.

► Ein Findling zeigt durch kräftiges Wachstum und eine gesunde Farbe, dass er für eine Gestaltung bereit ist.

►► Nach der Erstgestaltung vergehen noch fünf bis zehn Jahre bis zum reifen Bonsai.

# Die richtige Pflege

Jede Baumart benötigt auch als Bonsai ähnliche Lebensbedingungen wie das entsprechende Gehölz in der freien Natur – das ist für die richtige Pflege sehr wichtig. Folgende Faktoren bestimmen diese Lebensbedingungen: das Lichtangebot, die Art der Erde, die Niederschlagsmenge und das Nährstoffangebot. Eine Lärche benötigt als typischer Gebirgsbaum auch als Bonsai volle Sonne und eher niedrige Temperaturen, viel Wasser und relativ wenig Nährstoffe. Eine Rotbuche, unser wichtigster Waldbaum, fühlt sich im Halbschatten und bei hoher Luftfeuchtigkeit wohl. Sie benötigt außerdem viel Wasser und hat einen hohen Nährstoffbedarf. Eine Feige aus dem tropischen Regenwald mag es das ganze Jahr hindurch warm und steht gerne bei hoher Luftfeuchtigkeit. Außerdem richtet sich ihr Wachstum nach der angebotenen Wasser- und Nährstoffmenge.

## Der ideale Standort

Die verschiedenen Standorte für einen Bonsai unterscheiden sich vor allem durch das Lichtangebot, die Luftbewegung und die Niederschlagsmenge.

Grundsätzlich haben Pflanzen, je nach natürlichem Verbreitungsgebiet, unterschiedliche Ansprüche an die Sonneneinstrahlung. Der unterschiedliche Lichtbedarf verschiedener Baumarten ermöglicht es ihnen, in der Natur an unterschiedlichen Standorten ihr Optimum an Konkurrenzfähigkeit zu erreichen und sich zu behaupten. Andere Baumarten wachsen unter diesen Bedingungen weniger schnell und können zurückgedrängt werden. Da es in der Bonsai-Schale jedoch keine Konkurrenten gibt, tun wir uns bei der Wahl des Standortes leichter. Wir können nämlich die Flexibilität und Anpassungsfähigkeit an vorgegebene Bedingungen, die für jede Baumart unterschiedlich groß ist, nutzen. Weil beispielsweise an halbschattigen Plätzen der Wasserbedarf geringer ist und die Pflege deshalb einfacher ist, werden manche Baumarten, die auch volle Sonne vertragen würden, unter Umständen besser an einem Ort aufgestellt, der einige Stunden des Tages beschattet wird.

**Was bewirkt die Sonne?**

Pflanzen sind in der Lage, die Energie der Sonne in energiereichen Molekülen (verschiedene Kohlenhydrate) zu speichern und sie dadurch für ihre Lebensabläufe zu nutzen. Diesen Vorgang bezeichnet man als **Photosynthese.**

Je mehr Sonnenenergie genutzt werden kann, umso schneller entwickelt sich die Pflanze. Ab einer gewissen Einstrahlungsmenge ist allerdings eine Sättigung erreicht, so dass die nutzbare Energiemenge einen gewissen Grad nicht

▼ Auch ein Fächerahorn entwickelt sich in der Sonne besonders gut.

übersteigen kann. Diese Sättigung ist bei verschiedenen Baumarten unterschiedlich schnell erreicht, bei manchen Bäumen bereits nach ein paar Sonnenstunden.
Durch Sonneneinstrahlung werden Pflanze und Pflanzerde erwärmt. Die Pflanze kann sich durch Wasserabgabe über die Blätter (Transpiration) abkühlen. Dieser Vorgang verbraucht allerdings auch Wasser, das an heißen Tagen in entsprechend großen Mengen nachgeliefert werden muss. Geschieht dies nicht in ausreichendem Maße, dann schließt die Pflanze, um sich vor dem Vertrocknen zu schützen, die Atemöffnungen (Stomata). Hierdurch wird dann aber auch kein Kolendioxid mehr aufgenommen, so dass die Photosynthese zum Stillstand kommt.
An heißen Tagen muss an einem sonnigen Standort außerdem berücksichtigt werden, dass der Salzgehalt des Substrates parallel zur Wasserabgabe ansteigt. Wenn nicht schnell genug wieder Wasser nachgeführt wird, kann er den kritischen Punkt übersteigen.

#### Einfluss auf das Wachstum

Ein Grund dafür, einen Bonsai so sonnig wie möglich aufzustellen, kann sein, dass die Blattabstände (Internodien) mit zunehmendem Lichtangebot kürzer werden. Und um eine feine Verzweigung zu erreichen, sind kurze Blattabstände notwendig. Besonders in der Wohnung gehaltene Pflanzen haben oft keine Chance, sich optimal zu entwickeln, weil im Winter im Verhältnis zur vorhandenen Temperatur nicht genügend Licht zu Verfügung steht. Deshalb werden bei Nadelbäumen schon ab Herbst die Äste gedrahtet, um ihnen eine optimale Stellung zur Sonne zu verschaffen. Außerdem wird die Nadelmasse durch das Abschneiden oder Zupfen der Nadeln so reduziert, dass direkte Sonne auch auf die im inneren Kronenbereich liegenden Äste treffen kann. Dadurch werden die unter der Rinde liegenden »schlafenden Augen« aktiviert und treiben dann während der Vegetationszeit aus.

**Sonne im Herbst:** Im Herbst vertragen alle Bonsai mehr Sonne, weil sie jetzt flacher am Himmel steht. Je mehr Sonne bei gleichzeitig niedrigen Temperaturen vorhanden ist, umso intensiver wird die Herbstfärbung.
**Sonne im Winter:** Im Winter sind die sommergrünen Bäume, also die Lärche und die meisten Laubbäume im Ruhezustand und betreiben keine oder kaum Photosynthese. Nadelbäume sind dagegen auch im Winter, sobald eine bestimmte Temperatur erreicht ist, photosyntheseaktiv. Deshalb können Laubbäume in einer dunklen Garage überwintern, immergrüne Bäume dagegen nicht.
An sonnigen Frosttagen kann die Erwärmung des Baumes bewirken, dass die Äste Wasser abgeben, aber nicht nachgeliefert bekommen, weil die Wurzeln eingefroren sind. Dies führt nicht selten zu Trockenschäden.
Einige Baumarten wie Buchen oder Eichen behalten im Winter das alte Laub, um sich vor solchen Schäden zu schützen und zu vermeiden, dass sie zu früh austreiben. Hat man diese Blätter entfernt, darf eine solche Pflanze während einer Frostperiode nicht mehr der Sonne ausgesetzt werden.

#### Der Faktor Wind

An luftigen Standorten, an denen gelegentlich starker Wind herrscht, bilden die Pflanzen kräftigere, derbere Blätter aus. Diese sind von Schädlingen nicht so leicht zu besiedeln wie zartes, im Windschatten gewachsenes Laub. Allerdings trocknet die Erde bei starkem Wind deutlich schneller aus, so dass hier mehr gegossen werden muss. Bei einigen Bäumen sind mechanische Schäden nach einem Sturm nicht selten.

#### Bonsai und Regen

Wenn der Standort nicht überdacht ist und Regen auf die Bonsai-Schale fällt, verringert dies den Salzgehalt im Boden. Bei anhaltendem Regen ist es wichtig, dass das Substrat gut durchlässig für überschüssiges Wasser ist, damit keine Staunässe entsteht.

## Die Pflanzerde

Die meisten Gehölze gedeihen in verschiedenen Substraten gleich gut, sofern sich keine Staunässe bildet. Deshalb sollte der Lehmanteil der Bonsaierde in granulierter Form (wie zum Beispiel bei Akadama) enthalten sein. Als Pflanzerde kann für alle beschriebenen Laubbäume, mit Ausnahme der Moorbeetpflanzen, eine Mischung aus Lehmgranulat, Lava- oder Bimssplitt und Anzuchterde (Torf und Sand), in einem Volumenverhältnis von 1 : 1 : 1 dienen. Bei Nadelbäumen kann der Anteil an Anzuchterde um die Hälfte reduziert werden. Eine solche Mischung enthält allerdings keine oder nur sehr wenige Nährstoffe, die deshalb in entsprechender Menge verabreicht werden müssen. Ist ein anderes Mischungsverhältnis für eine bestimmte Art besonders vorteilhaft, dann wird darauf hingewiesen.

**Lava- oder Bimsgranulat,** das aus zerstoßenem Vulkangestein besteht, hat ein hohes Wasserspeichervermögen. Gleichzeitig beeinflussen die vielen kleinen Hohlräume die Sauerstoffversorgung der Wurzeln günstig. Lava enthält viele für die Pflanze verfügbare Spurenelemente.
**Lehm** ist in der Lage, das Puffervermögen des Substrates zu erhöhen, weil er große Mengen Wasser und auch Nährstoffe (als Ionen) binden kann. Erde mit hohem Lehmanteil verdichtet allerdings sehr schnell und ist im trockenen Zustand knochenhart. Das aus Japan stammende **Akadama** ist Lehm in einer stabilen granulierten Form und kann den normalen Lehm im Erdgemisch ersetzen. Akadama wird in Japan für viele Bäume ausschließlich verwendet.
**Kanuma** ist ein Pflanzsubstrat mit niedrigem pH-Wert, das in Japan abgebaut und von dort importiert wird. Es wird für Azaleen, Kamelien und Gardenien in reiner Form verwendet und verhindert durch seine granulierte Struktur das Entstehen von Staunässe.
**Torf** dient hauptsächlich als Wasserspeicher und enthält selbst kaum Nährstoffe. Torf wird häufig in käuflichen Pflanzsubstraten verwendet und ist dann durch Kalkung und eine Grunddüngung aufbereitet.
**Sand** fördert die Benessbarkeit und die Wasserdurchlässigkeit des Substrates.
**Anzuchterde** ist eine nährstoffarme Mischung aus Torf und Sand.

▲ Kanuma ①; Lavagranulat ②; Akadama ③; Torf ④; Bimsgranulat ⑤.

## Das Umpflanzen

Junge Pflanzen entwickeln sich schneller, wenn sie in den ersten Jahren im Garten ausgepflanzt werden oder einen verhältnismäßig großen Blumentopf als Kulturgefäß bekommen. Dort werden sie alle zwei Jahre, jeweils im Frühjahr, im Wurzelbereich eingekürzt und wieder zurückgesetzt. Der Wurzelballen wird so beschnitten, dass nur ein Kranz von Seitenwurzeln stehen bleibt und keine Hauptwurzeln direkt nach unten wachsen. Diese verbliebenen Wurzeln bilden später den wichtigen Wurzelansatz. Da sie allein für die Versorgung des ganzen Baumes sorgen müssen, werden sie dann besonders kräftig. Hat der Stamm eine gewisse Dicke erreicht, kann er in eine erste Bonsai-Schale gepflanzt werden.
Ein in einer Schale gehaltener Baum, der sich noch im Anfangsstadium seiner Entwicklung befindet, benötigt im Durchschnitt alle zwei bis

▲ Der Ballen wird aus der Schale gelöst 1 + 2, die alte Erde entfernt 3. Lange Wurzeln werden eingekürzt 4, nach unten gerichtete kräftige Wurzeln entfernt 5. Das reduzierte Wurzelwerk 6 treibt im Frühjahr schnell wieder aus. Die Abflusslöcher der Schale werden abgedeckt 7 und der Baum wird auf einer Drainageschicht aus Akadama fixiert 8 + 9.

drei Jahre neue Erde. Ältere Bonsai können bei guter Nährstoffversorgung auch seltener umgepflanzt werden.
Die beste Zeit zum Umtopfen ist für alle Laubgehölze das zeitige Frühjahr, vor dem ersten Laubaustrieb. Nadelbäume lassen sich auch gut Ende August bis September umtopfen.
Beim Umtopfen können ein Drittel der Wurzeln und zwei Drittel der alten Erde entfernt werden. Der Ballenkern wird nur dann von der Erde befreit, wenn Korrekturen notwendig sind, in der Regel bleibt er unberührt.
Sobald der Boden eine gewisse Temperatur erreicht hat, beginnen die Wurzeln wieder zu wachsen. Dies erfolgt meist in engem zeitlichem Zusammenhang mit dem Austreiben der Blätter. Bei einigen spät im Jahr austreibenden Baumarten, wie Eiche und Buche, beginnt das Wurzelwachstum oft deutlich vor dem Blattaustrieb. Das Umpflanzen sollte auch in diesen Fällen möglichst vor Beginn des Wurzelwachstums erfolgen.
Nach dem Umpflanzen vertragen viele Baumarten keinen harten Frost mehr, deshalb sind entsprechende Schutzmaßnahmen erforderlich.

## Das Gießwasser

Von besonderer Bedeutung bei der Pflege von Bonsai ist die richtige Wasserversorgung. Da Bonsai in einem vergleichsweise kleinen Gefäß gehalten werden, in dem das Wasser entsprechend schnell verbraucht sein kann, müssen sie häufiger gewässert werden als Pflanzen in Blumentöpfen.
Das richtige Wässern ergibt sich aus der Art des zur Verfügung stehenden Wassers sowie der Häufigkeit und Menge der Wassergaben.
In der Regel dient die Oberfläche des Pflanzsubstrats als Anzeiger dafür, wie schnell wieder gewässert werden muss. Man gießt am besten immer erst dann, wenn die Oberfläche leicht trocken geworden ist. Dann gibt man aber soviel Wasser, dass ein guter Teil durch die Abflusslöcher der Schale wieder ablaufen kann.

### Warum brauchen Pflanzen Wasser?

Abgesehen davon, dass die meisten Stoffwechselprozesse nur bei einem genügend hohen Wasseranteil in der Zelle möglich sind, ist eine optimale Versorgung aus folgenden Gründen notwendig:

◄ Die Schale wird mit Erde, die überschüssiges Wasser gut abfließen lässt, aufgefüllt – jetzt kann das Frühjahr kommen.

Blätter brauchen einen bestimmten **Wasserdruck** (Turgor), um sich nach dem Licht auszurichten und nicht schlaff herunterzuhängen. Dieser entsteht, weil Wasser immer in Richtung der höheren Salzkonzentration fließt und die Salzkonzentration in den Zellen höher ist als in der Pflanzerde. Bei zu hoher Konzentration von Salzen in der Erde kann die Pflanze nicht mehr genügend Wasser aufnehmen. Es entstehen Schäden, die zum Absterben der Pflanze führen können.

Bei der **Photosynthese** wird mit Hilfe der Sonnenenergie Kohlendioxid und Wasser in Zucker und Sauerstoff verwandelt. Der Zucker liefert die erforderliche Energie, um die lebensnotwendigen Stoffwechselprozesse in Gang zu halten. Steht dem Bonsai nicht genügend Wasser zur Verfügung, dann wird die Photosynthese eingestellt, so dass sich der Baum auch nicht weiterentwickelt.

An heißen Tagen verbraucht ein Bonsai große Mengen an Wasser, um sich abzukühlen. Dieser Vorgang wird **Transpiration** genannt. Das Wasser verdunstet dabei über die Atemöffnungen der Blätter. An heißen Tagen muss deshalb genügend Wasser zur Verfügung stehen, um ein Überhitzen des Bonsai zu verhindern.

► Gießwasser lässt sich in einem Regenfass sammeln. Das Bewässern mit Gießball oder langhalsiger Bonsai-Gießkanne verhindert das Abspülen der Oberflächenerde.

Außerdem werden mit dem Wasser die **Nährstoffe** in der Pflanze **transportiert.**

**Welches Gießwasser?**

Die verschiedenen Wasserarten unterscheiden sich hauptsächlich durch ihren Salzgehalt und durch ihren **pH-Wert**. Gutes Gießwasser ist salzarm und hat einen pH-Wert zwischen 6 und 7,5.

Der **Salzgehalt** wird durch geladene Teilchen unterschiedlicher Verbindungen gebildet, der pH-Wert sagt etwas über die Konzentration positiv geladener Wasserstoffionen aus. Sogenanntes hartes Wasser, also Wasser mit einem hohem Gehalt an Carbonaten, hat einen höheren Salzgehalt als weiches. Durch Kochen oder Abstehen kann der Härtegrad des Wassers verringert werden.

Salzgehalt und **Härtegrad** von **Leitungswasser** hängen davon ab, wie es gewonnen wird. Während Talsperrenwasser häufig sehr weich und damit ideal zur Bewässerung von Pflanzen ist, ist Uferfiltrat oder Grundwasser oft besonders salzhaltig.

**Regenwasser** enthält wenig Salze und ist in der Regel leicht sauer. Durch Kombination mit Leitungswasser wird es zum idealen Gießwasser.

**Brunnenwasser**, also Wasser das dem Grundwasser entnommen ist, kann sehr salzhaltig sein und sollte vor der Verwendung als Gießwasser für Bonsai auf schädliche Salze, wie zum Beispiel Chloride, untersucht werden.

Ob **Teichwasser** viele Salze enthält und wie hoch der pH-Wert ist, hängt zum großen Teil davon ab, mit welchem Wasser die natürlichen Wasserverluste des Teiches wieder aufgefüllt werden. Ein großer Teil des Teichwassers verdunstet. Wird der Teich mit salzreichem Wasser aufgefüllt, reichern sich die Salze immer mehr an, so dass manche Teiche Rekordwerte erreichen.

**Wer mag welches Wasser?**

**Kalk** im Pflanzsubstrat ist für die meisten Pflanzen keineswegs schädlich, sondern fördert

vielmehr die Krümelstruktur des Bodens und stabilisiert den pH-Wert in einer für die Pflanzen verträglichen Höhe.
Einige Pflanzen gedeihen besser, wenn das Pflanzsubstrat einen relativ **hohen Kalkgehalt** aufweist. Diese sollten daher regelmäßig auch mit hartem Leitungswasser gegossen werden. Zu den Kalk liebenden Gehölzen zählen: Kornelkirsche *(Cornus mas)*, Pfaffenhütchen *(Euonymus europaea)*, Sabina-Wacholder *(Juniperus sabina)*, Apfelbaum *(Malus sylvestris)*, Schlehe *(Prunus spinosa)*, Birne *(Pyrus pyraster)*, Stiel-Eiche *(Quercus robur)*, Eibe *(Taxus baccata)* und andere.
Als **salzempfindlich** gelten: Hainbuche, Haselnuss *(Corylus avellana)*, Weissdorn *(Crataegus Laevigata, C. monogyna)*, Kerbbuche *(Fagus crenata)* und Rotbuche *(Fagus sylvatica)*, Fichte *(Picea abies)*, Vogel-Kirsche *(Prunus avium)*, Eibe *(Taxus baccata)*. Diese Arten sollten hauptsächlich mit salzarmem Wasser gegossen werden.
Andere benötigen dagegen einen **sauren** Boden, also einen niedrigen pH-Wert des Substrates. Für diese Bonsai verwendet man am besten Regenwasser, da es keinen Kalk enthält, so dass der niedrige pH-Wert des Bodens erhalten bleibt. Zu dieser Gehölzgruppe zählen die Azaleen (Rhododendron), Kamelien und Gardenien.

**Wann soll man gießen?**
Grundsätzlich wässert man dann, wenn an der Erdoberfläche zu erkennen ist, dass das Wasser in der Schale knapp wird. Dies kann mit der Bonsai-Gießkanne, mit dem Schlauch oder auch mit dem Gießball erfolgen.
An heißen, sonnigen Tagen gießt man am besten am frühen Vormittag und noch einmal am Abend, ein bis zwei Stunden vor Sonnenuntergang. Nass gewordene Blätter sollten vor Einbruch der Dunkelheit wieder trocken sein, weil sie sonst eventuell die ganze Nacht feucht sind, was die Entwicklung von Schadpilzen fördert. Reicht ein zweimaliges Gießen nicht aus, muss der Bonsai in eine größere Schale gepflanzt oder schattiger aufgestellt werden. Wer dies

◄ Auch alte Bonsai kann man während des Urlaubs über ein Bewässerungssystem, das mit einer Zeitschaltuhr gesteuert wird, mit Wasser versorgen.

nicht möchte, muss auch mittags wässern. Bei Laubbäumen sollte man um diese Zeit möglichst das Laub möglichst nicht benässen, um keine Brandflecken zu erzeugen.
Nadelbäume genießen es dagegen, wenn man an heißen Tagen die Nadeln mehrmals mit nicht zu kaltem Wasser überduscht.
Kann man an heißen Tagen diesen Aufwand nicht betreiben, können verschiedene **Bewässerungssysteme** zur Unterstützung verwendet werden. Diese sind entweder mit Fühlern ausgestattet und spenden Wasser, wenn dieser Trockenheit anzeigt, oder eine Zeitschaltuhr gibt das Wasser für eine festgelegte Zeitspanne frei. Soll eine Bewässerungsanlage während des Urlaubs die Wasserversorgung der Bonsai komplett übernehmen, muss frühzeitig geprüft werden, ob diese auch fehlerfrei arbeitet. Außerdem ist es ratsam, zusätzlich jemand damit zu beauftragen, regelmäßig nach den Bäumen zu sehen, damit ein Defekt frühzeitig erkannt wird.

## Die Nährstoffversorgung

Bei jungen Pflanzen erfolgt die erste Düngung im Frühjahr mit dem Austrieb der neuen Blätter und wird dann regelmäßig wiederholt. Ältere Laub-Bonsai werden erst dann gedüngt, wenn sich die ersten Blätter bereits vollständig ausgebreitet haben. Laubbäume benötigen mehr Stickstoff als Nadelbäume.
In der heißen Jahreszeit muss vorsichtiger und mit Bedacht gedüngt werden, weil vor allem bei

mineralischen Düngern auch Salze zugeführt werden, die ab einer bestimmten Konzentration der Pflanze schaden können. Diese Konzentration kann schon erreicht sein, wenn der Baum einmal nach dem Düngen trocken wird.

**Welcher Dünger?**

Für im Freien gehaltene Bonsai empfehlen sich feste Dünger, während flüssige Dünger sich besser für Zimmerbonsai eignen. Flüssige Dünger werden nämlich im Freien an regnerischen Tagen ausgeschwemmt und damit unwirksam. Diese Gefahr besteht in der Wohnung nicht.
Wer noch wenig Erfahrung im Umgang mit Bonsai hat, sollte organische Dünger verwenden. Die darin enthaltenen Nährstoffe werden nur langsam von Mikroorganismen freigesetzt und meist sofort von der Pflanze aufgenommen. Organische Nährstoffe erhöhen also den Salzgehalt nur unwesentlich. Die Versorgung der Pflanze ist allerdings verzögert.
Mineralische Dünger wirken dagegen sofort, da die Nährstoffe in Salzform vorliegen und sofort von der Pflanze aufgenommen werden. Wichtig ist bei Verwendung dieser Dünger, die Dosierungsvorschrift genau einzuhalten.

**Bedeutung und Wirkung von Nährstoffen in der Pflanze**

**Stickstoff (N):** Im pflanzlichen Organismus wird Stickstoff als Bestandteil des Chlorophylls und als Eiweißbaustein insbesondere für alle Wachstumsvorgänge benötigt.
Im Boden kommt Stickstoff meist in organischen Verbindungen vor. Diese werden durch Mikroorganismen abgebaut und der Stickstoff wird damit für Pflanzen verfügbar.
Stickstoffmangel erkennt man am schwachen Wachstum und einer hellgelben Blattfärbung.
**Phosphor (P):** Pflanzen brauchen Phosphor hauptsächlich zum Aufbau der Nukleinsäure und für den Energiestoffwechsel. Außerdem fördert Phosphor die Entwicklung von Blüten und Früchten. Phosphat wird von Tonmineralien adsorbiert, also festgehalten. Das schränkt seine Verfügbarkeit in lehmhaltigen Substraten, also auch der Bonsai-Erde, ein, wenn es nicht in ausreichenden Mengen zur Verfügung steht. Viel Phosphor enthält Knochenmehl. Phosphormangel zeigt sich durch schwaches Wachstum, obwohl die Blätter kräftig grün aussehen. Außerdem setzt Phosphatmangel die Widerstandfähigkeit gegen Krankheiten und Frost herab.
**Kalium (K):** Kalium ist an den meisten Stoffwechselvorgängen von Pflanzen beteiligt und hat zudem eine wichtige Aufgabe bei der Wasseraufnahme. Für Bonsai besonders wichtig ist die dadurch erreichte bessere Frostresistenz. Einen Mangel erkennt man an braunen bis gelblichen Blatträndern oder dem Absterben ganzer Blätter.
**Calcium (Ca) oder Kalk:** Calcium wird vor allem zum Aufbau der Zellwände benötigt und ist für die Zellvermehrung und das Wurzelwachstum von großer Bedeutung.
Kalkdüngung wirkt der Bodenversauerung entgegen, was sich auf das Bodenklima und die Bodenstruktur positiv auswirkt und damit auch auf die Aktivität der Mikroorganismen und die daraus resultierende Verfügbarkeit der übrigen Nährstoffe. Calcium ist in hartem Leitungswasser in großen Mengen enthalten.
Calciummangel erkennt man an schwachem Wachstum, niedriger Resistenz gegen Krankheiten oder gelbem Austrieb.
**Magnesium (Mg):** Magnesium ist Bestandteil des Chlorophylls und damit für die Photosynthese unentbehrlich. Außerdem ist es an der Steuerung vieler Stoffwechselvorgänge beteiligt.
**Schwefel (S):** Schwefel ist Bestandteil einiger Aminosäuren. Da Schwefel in Form von Schwefeldioxid in der Luft reichlich vorhanden ist, und mit dem Regen in den Boden gelangt, kann es beim Düngen vernachlässigt werden.
Gute Dünger enthalten **Spurenelemente** wie Bor (B), Kupfer (Cu), Mangan (Mn), Eisen (Fe), Zink (Zn), Kobalt (Co)und Molybdän (Mo), die für den reibungslosen Ablauf verschiedener Stoffwechselvorgänge verantwortlich sind.

## Richtig Überwintern

Die meisten **Freiland-Bonsai** müssen im Winter während der Frostperioden geschützt werden. Ab einer Temperatur unter – 5 °C sollten sich frostempfindliche Baumarten wie Eichen, Mädchenkiefern, Schwarzkiefern, japanische Ahornarten (insbesondere Dreispitzahorn) und Sazuki-Azaleen (Japanische Azaleen) in einem Überwinterungsquartier befinden. Dieser Schutz kann entweder durch eine bauliche Konstruktion (Folienzelt, Gewächshaus, Garage, Gartenhaus usw.) oder durch das Einsetzen in den Gartenboden oder in einen großen Behälter (evtl. Gemüsekiste) mit isolierendem Substrat erfolgen.

Stehen die Bonsai den ganzen Winter über in einem **Folienzelt** oder **Glashaus,** dann muss man darauf achten, dass die Innentemperatur bei sonnigem Wetter nicht zu hoch wird. Dies erreicht man durch Beschattung oder gute Belüftung mit einem Ventilator. Trotzdem kann man bei dieser Überwinterungsform meist nicht vermeiden, dass die Bäume im Frühjahr einige Tage oder sogar mehrere Wochen früher austreiben als die Bäume in der Natur. Da das Lichtangebot durch die noch sehr kurzen Tage aber gering ist, sind die Blattabstände (Internodien) bei einem solch frühen Austrieb viel zu groß, um die beim Bonsai notwendige feine Verzweigung zu erreichen.

In einer **Garage** oder einem **Gartenhaus** hat man im Winter kein Problem mit zu hohen Temperaturen. Dafür ist das Lichtangebot hier über Monate so gering, dass immergrüne Pflanzen hier nicht überwintern können – es sei denn, sie stehen hier nur, wenn es friert und werden wieder draußen aufgestellt, sobald es wieder milder ist.

Durch die geringe Luftbewegung in einem geschlossenen Überwinterungsquartier ist die Gesundheit der Pflanzen besonders während milder Wetterphasen gefährdet. Dann wachsen und vermehren sich viele schädliche Pilzarten. Deshalb sollte man keine unbehandelten toten

◄ Die meisten heimischen Baumarten, wie diese Winterlinde, sind unter einer Schneedecke ausreichend vor strengem Frost geschützt (Ausnahme: Eichen).

Pflanzenteile wie Laub oder abgestorbene Äste am Baum belassen. Auch tierische Schädlinge wie Blut- und Wollläuse fühlen sich in einer so geschützten Umgebung wohl und beginnen ihre Entwicklung, in deren Verlauf stattlich Populationen entstehen können. Ideal ist es also, wenn die Bonsai nur die wirklich kalte Zeit in einem geschlossenen Quartier verbringen und an milderen Wintertagen wieder im Freien aufgestellt werden.

Weniger zeitaufwendig ist es, die Bonsai ganz im Freien zu überwintern. Dafür wird der Wurzelballen an einer schattigen Stelle im Garten in die Erde gesetzt. Soll dies mit Schale erfolgen, ist unter dieser eine Drainageschicht aus Kies oder ähnlichem Material erforderlich. Während regenarmer Perioden muss auf ausreichende Wasserversorgung geachtet werden. Wird der Ballen dagegen ohne Schale in die Erde gesetzt, kann man auf eine Drainage verzichten. Da der Ballen nach allen Seiten Kontakt zur Erde hat, ist zusätzliches Wässern meist nicht nötig, da es im Winter in der Regel feucht genug ist. Die oben erwähnten empfindlicheren Arten werden ab einer Außentemperatur unter – 10 °C zusätzlich mit Reisig, Stroh oder Laub abgedeckt. Bei dieser Art der Überwinterung bleiben die Pflanzen dem natürlichen Klima ausgesetzt. Nur der empfindliche Teil, die Wurzel, wird geschützt. Dadurch treiben die Bonsai im Frühjahr nicht zu früh aus, so dass kurze Blattabstände

entstehen und sich eine feine Verzweigung entwickeln lässt. Außerdem wird die natürliche Frostresistenz lange aufrecht erhalten.
Tierische Schädlinge beginnen ihre Entwicklung bei normalem Witterungsverlauf erst im Frühjahr, so dass sie von ihren natürlichen Feinden ausreichend dezimiert werden können.
Es besteht allerdings ein gewisses Risiko, dass sich die Bäume mit schädlichen Bodenpilzen infizieren oder dass Wühlmäuse die Wurzeln attackieren. Gesunde Pflanzen können schädliche Bodenpilze allerdings unter anderem mit Hilfe ihrer Mykorrhiza. also der Lebensgemeinschafts zwischen Nutzpilz und Pflanzenwurzel, abwehren. Und meist ist es bekannt, ob es Wühlmäuse im Garten gibt.
Beim Überwintern in einer Kiste, wobei die Wurzeln in ein isolierendes Substrat wie Torf-Sandgemisch eingesenkt werden, umgeht man die beschrieben Gefahren, nutzt aber die Vorteile des Standorts im Freien. Es muss auf ausreichende Bewässerung geachtet werden.

**Vorbeugende Schädlingsbekämpfung**

Während des Winters lassen sich tierische Schädlinge wie Schild- und Wollläuse ebenso wie Spinnmilben leicht bekämpfen, da sie jetzt unbewegliche Überwinterungsstadien bilden. Durch das Spritzen mit einem Weißöl, auch als Winteröl im Handel (z. B. Promanal), werden die Atemöffnungen dieser Stadien verstopft. Eine Behandlung im November und eine weitere im Februar, jeweils an etwas milderen Tagen, reicht aus, um Bonsai von diesen Schädlingen zu befreien.
Eine vorbeugende Behandlung der Bonsai gegen Blattpilze ist nur dann erfolgreich, wenn sich bei der Behandlung die Knospen im Frühjahr bereits öffnen. Man spritzt die noch nicht fertig entwickelten Blätter einmal mit einem Mittel gegen Mehltau (z. B. Netzschwefel oder als »Rosenspritzmittel« bezeichnete Präparate) und einmal mit einem Präparat gegen Blattfleckenpilze (z. B. Kupferkalk oder Polyram).
Das in Japan in einer Verdünnung von 1 : 30 bis 1 : 50 angewendete Spritzmittel, das auch als Jin- oder Bleichmittel bekannt ist, ist bei uns als Pflanzenschutzmittel nicht zugelassen.

▼ Neben der schmalen ① u und breiten ① o Astschere, der Rundkonkav-Zange ② l, der Knospen-Zange ② M, der Konkav-Zange ② r und der feinen Säge ⑤, die zum Kürzen oder Entfernen von Ästen notwendig sind, können Jin-Zange ③ und Draht-Zange ④ beim Drahten gute Dienste leisten.

## Werkzeuge für Bonsai

Um die verschiedenen Arbeiten am Baum fachgerecht ausführen zu können, benötigt man ein paar spezielle Werkzeuge:
Eine **Bonsai-Schere** ① verwendet man, um Äste zurückzuschneiden. Mit feineren Scheren, in zahlreichen Ausführungen erhältlich, schneidet man die dünnen Äste oder Blätter, mit stärkeren Scheren die kräftigeren Äste.
Mit einer **Bonsai-Zange** ② entfernt man in der Regel ganze Äste. Sie erzeugt einen Schnitt, der nach innen ins Holz geht und dadurch ein schnelleres und unauffälliges Verheilen der Schnittwunde zulässt. Es gibt viele Ausführungen, deren Vorteile man erst mit etwas mehr Erfahrung einschätzen kann. Deshalb genügt für den Anfang eine einfache Konkav-Zange.
Weitere Werkzeuge besorgt man sich am besten erst dann, wenn man sie braucht. Denn nicht jedes im Handel angebotene Werkzeug für Bonsais ist wirklich notwenig. Einige ähneln auch Werkzeugen, die man meist ohnehin schon im Haushalt besitzt. Diese kann man erst einmal verwenden, bis man sicher ist, dass das speziell für die Bonsaigestaltung hergestellte Exemplar vorteilhafter ist.

# Bonsai gestalten

Will man einen Bonsai selbst gestalten, kann man dafür einen Sämling oder Steckling, eine Baumschulpflanze, einen Bonsai-Rohling oder einen Findling auswählen.
Welche Form ein Baum erhält, hängt zum einen von seinen individuellen Vorgaben ab. Zum anderen versucht man im Idealfall, einen Baum so zu gestalten, dass man bereits an der Form die Baumart erkennt. Weil dies aber recht schwierig ist und man nicht bei jeder Baumart die charakteristische Wuchsform kennen kann, nimmt man bei den ersten Gestaltungsversuchen die sogenannten Bonsai-Stilarten als Vorbild. Dabei handelt es sich um stilisierte und standardisierte Wuchsformen, die angelehnt sind an Baumformen, die in der Natur immer wiederkehren. Die wichtigsten dieser in Japan entwickelten Stilarten werden nachfolgend erläutert.

## Bonsai-Stilarten

### Die Besenform

Diese für manche Laubbäume typische Stilart ist dadurch gekennzeichnet, dass der Stamm sich ab einem bestimmten Punkt in viele gleichberechtigte Äste aufteilt, die gleichmäßig in alle Richtungen wachsen. Die Silhouette der Krone ist rund, oval oder schirmförmig. Die klassische Besenform hat einen geraden Stamm. In dieser Stilart werden Laubbäume gestaltet. Reife Bonsai zeichnen sich durch eine besonders feine Verzweigung aus, die im Winter, wenn das Laub gefallen ist, besonders gut zur Geltung kommt.

### Die Aufrechte Form

Bei dieser Wuchsform beginnt der Stamm mit einem kräftigen Wurzelfuß und endet in einer feinen Spitze. Diese Stilart ist besonders häufig und hat eine deutlich ausgeprägte Vorder- und Rückseite. Die Äste gehen, von vorne gesehen, abwechselnd rechts und links vom Stamm ab, einige werden auch nach hinten entwickelt. Von vorne sollen die unteren zwei Drittel des Stammes frei einsehbar sein. Der untere Ast sollte der dickste sein, die darüber stehenden werden nach oben hin immer dünner. Die Äste werden bei Nadelbäumen meist waagerecht oder hän-

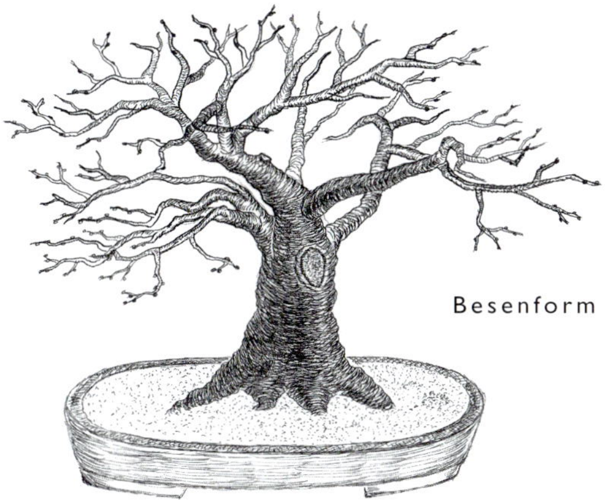

Besenform

Aufrechte Form

Streng aufrechte Form

Doppelstamm

gend angeordnet. Bei Laubbäumen wirkt es natürlicher, wenn sie waagerecht oder leicht nach oben gerichtet sind. Von oben betrachtet sollte kein Ast über dem anderen stehen.

**Die Frei aufrechte Form:** Am mehr oder wenigen stark gewundenen, manchmal s-förmigen Stamm stehen die Äste möglichst an der Außenseite einer Stammbiegung. Diese Form eignet sich für alle Baumarten.

**Die Streng aufrechte Form:** Hier wird ein gerader Stamm ohne jede Biegung erwartet. Die Äste sind ebenfalls ohne Bewegung. In dieser Form lassen sich Fichten und Lärchen sehr natürlich darstellen.

**Der Doppelstamm**

Bei dieser Stilart bildet der Bonsai zwei Stämme aus, einen Hauptbaum und einen Nebenbaum. Beide entspringen einer Wurzel und bilden eine gemeinsame Krone. Der dickere Stamm sollte höher sein, der kleinere dünner. Die Äste stehen wie bei der aufrechten Form: bei Nadelbäumen waagerecht bis hängend, bei Laubbäumen leicht aufsteigend bis waagerecht.

**Der Mehrfachstamm**

Hier entspringen mehr als zwei Stämme derselben Wurzel und bilden eine gemeinsame Krone. Die verschiedenen Stämme sollten unterschiedliche Höhen und entsprechende Stammdicken aufweisen.

Mehrfachstamm

Floßform

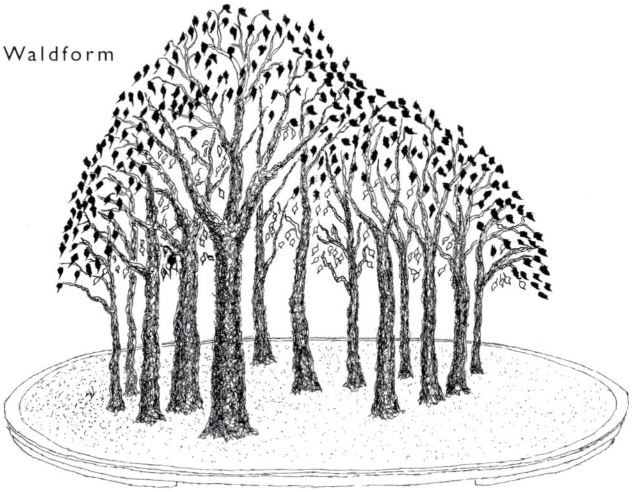

Waldform

**Die Floßform**

Bei dieser Stilart wachsen mehrere starke Äste aus einem liegenden Stamm, der sich teilweise aus der Erde hervorhebt. Die senkrecht stehenden Äste bilden Stämme eigener Bäume, die eine gemeinsame Krone entwickeln können.

**Die Waldform**

Mehrere Einzelbäume werden in einer Schale zu einem Miniaturwald gepflanzt. Wieder sollten die Hauptbäume die größeren und dickeren sein. Die Bäume sollten nicht in Reihen gepflanzt und die Abstände zwischen den Bäumen unterschiedlich sein. Sie bilden eine gemeinsame Krone.

**Die Kaskade**

Bei dieser Form stellt man sich einen in einer Steilwand wachsenden Baum vor. Der Stamm wächst nach unten, so dass die Spitze unterhalb des Schalenbodens liegt. Um die ungünstigen Verhältnisse am Standort glaubwürdig wiederzugeben, könne tote Bereiche am Stamm (Shari) oder auch abgestorbene Äste (Jin) mit in die Gestaltung einbezogen werden. Die optische Stabilität wird durch eine besonders hohe Bonsai-Schale erreicht.

**Die Windgepeitschte Form**

Bei einem solchen Bonsai wachsen alle lebenden Äste des Baumes in eine Richtung. Die Wuchsform kann sowohl an die Besen als auch an die aufrechte Form angelehnt sein. Besonders glaubwürdig wirkt ein zusätzlich in die Wuchsrichtung der Äste geneigter Stamm.

Kaskade

Windgepeitschte Form

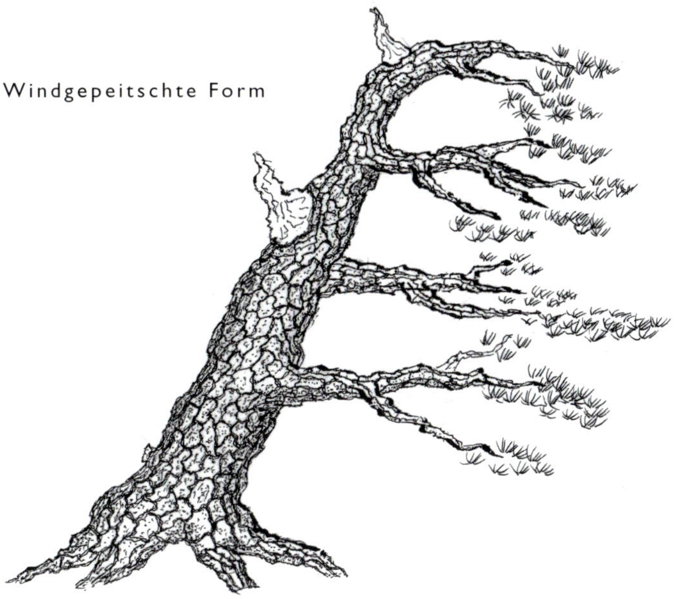

Literatenform

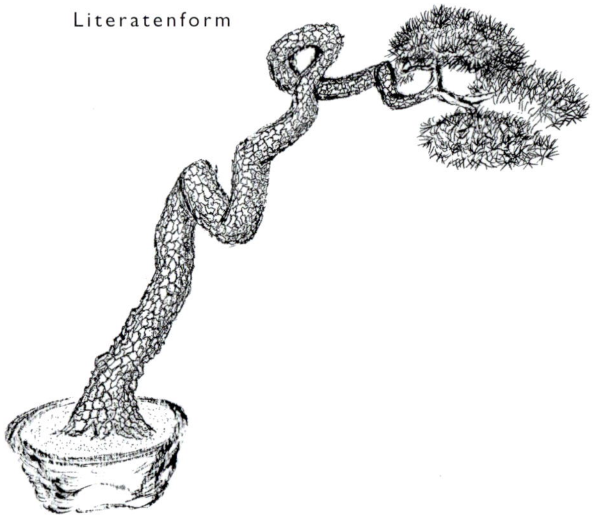

**Die Literatenform**

Bei dieser Stilart zeigt der schlanke Stamm eine oft außergewöhnliche Bewegung. Die wenigen Äste sitzen am oberen Drittel des Baumes und geben ihm seine charakteristische Form.

## Gestaltungstechniken

Um einen Bonsai in die gewünschte Form zu bringen, bedient man sich verschiedener Techniken:

**Rückschnitt**

Der Rückschnitt ist die wichtigste Maßnahme, um einen Bonsai klein zu halten. Gleichzeitig werden die Äste nicht nur kurz gehalten, sondern auch in die zukünftige Wuchsrichtung gelenkt. Die nach dem Rückschnitt der Schnittstelle am nächsten liegenden Knospen treiben bei vielen Bäumen innerhalb von 14 Tagen neu aus, und zwar in die Richtung, die diese Knospe durch ihre Stellung am Ast vorgibt. Das wiederum bedeutet, dass man vor einer Knospe zurückschneiden sollte, welche in die Richtung zeigt, in die der Ast wachsen soll. In manchen Fällen treibt aber gleichzeitig die nächste, weiter zurückliegende Knospe mit aus. Diese wird dann zu einem Seitenzweig entwickelt, während die erste Knospe die Spitze des beschnittenen Astes oder Zweiges bildet.

Bei gegenständiger Blattstellung (Ahorn, Pfaffenhütchen) stehen sich immer zwei Knospen direkt gegenüber, die auch beide austreiben werden. Man schneidet in diesem Fall vor einem Knospenpaar zurück, bei welchem die Knospen links und rechts stehen und nicht oben und unten. Dann können beide Austriebe zur Entwicklung einer feinen Verzweigung verwendet werden.

► Wenn sich drei Verzweigungen nebeneinander entwickelt haben, wird eine, in der Regel die mittlere, entfernt. Die entstehenden Richtungsänderungen im Astverlauf lassen diesen älter wirken.

► ► Dicke Äste in der Spitze der Krone werden zugunsten der dünneren entfernt.

Alle direkt nach unten oder oben wachsenden Äste werden frühzeitig ganz entfernt oder (oben) stark eingekürzt.

**Pinzieren**

Bei Laubbäumen kann man das Wachstum stoppen oder die Wuchskraft von der Triebspitze mehr in den Innenbereich der Krone verlegen, indem man die Spitzen der Triebe entfernt. Das sollt erst dann passieren, wenn sich bereits die ersten Blätter gebildet haben. Diese Arbeit wird mit einer Pinzette (daher der Name) oder mit den Fingernägeln durchgeführt.

**Drahten**

Soll eine gewünschte Form bei einem Laubbaum schneller erreicht werden, können Äste, die in einer ungünstigen Richtung wachsen und normalerweise abgeschnitten würden, auch mit Draht umwickelt und in eine bessere Position gebracht werden. Nadelbäume lassen sich nur mit Hilfe der Drahtungstechnik akkurat gestalten.

Zum Drahten von Laubbäumen verwendet man Aluminiumdraht, der relativ dick sein muss, um eine gewissse Kraft auszuüben, und deshalb besonders schonend für die Rinde ist. Nadel-

▲ Beim Rückschnitt entstehende größere Wunden werden verschlossen, damit sie besser zuwachsen.

▼ Nur wenn ein dicker Draht einem dünneren Halt geben soll, dürfen sich diese kreuzen.

► Bei einem bis in die Astspitzen gedrahteten Laubbaum muss oft schon im Mai, spätestens aber im Juni, der Draht an einigen Stellen wieder entfernt werden, damit dieser keine Spuren hinterlässt.

bäume haben eine robustere Rinde und können daher auch mit Kupfer gedrahtet werden.
Beim Drahten geht man folgendermaßen vor: Man beginnt mit dem Stamm oder den dicken Ästen und arbeitet sich nach und nach zu den dünneren vor. Der Draht wird spiralig um den Ast gewickelt, wobei man ein Stück Draht für zwei Äste verwendet. Dort, wo sich Drähte begegnen, werden sie nebeneinander gelegt, sie sollten sich auf keinen Fall kreuzen.
Gedrahtete Bonsai müssen regelmäßig überprüft werden. Der Draht muss wieder entfernt werden, bevor er zu eng wird und Spuren auf der Rinde hinterlässt.

**Spannen**
Dicke Äste lassen sich oft nicht mehr ohne Beschädigung drahten, deshalb werden sie mit dünnem Draht in die gewünschte Richtung gespannt. Ein Ende des Drahtes wird am Ast, an einer vorher mit Hilfe eines Schlauchstückes geschützten Stelle, befestigt. Das zweite Ende befestigt man entweder am Pflanzgefäß oder an einem zweiten Ast, der natürlich in ähnlicher Weise geschützt werden muss.

**Verbesserung des Wurzelfußes**
Entfernt man bei jedem Umpflanzen direkt nach unten gerichtete Wurzeln, regt man das Wachstum der Seitenwurzeln an. Werden zu dicht stehende ausgedünnt und sich kreuzende Seitenwurzeln entfernt oder ausgerichtet, wird der Wurzelfuß von Jahr zu Jahr besser. Befindet sich der Wurzelfuß noch in der Entwicklung, sollte er mit Erde bedeckt bleiben.

**Arbeiten an totem Holz**
Werden abgestorbene Äste oder Stammteile in die Gestaltung integriert, wirkt ein Bonsai besonders alt. Auch in der Natur machen auf

► Auch mit Hilfe von Spanndrähten können die Äste in die richtige Position gebracht werden. Die Äste werden mit einem Stück Plastikschlauch vor Verletzungen geschützt.

► ► Als Gegenhalt können die Spanndrähte an Ösen befestigt werden, die über die Abzugslöscher der Bonsai-Schale an dieser angebracht werden.

◄ ◄ Dicke Wurzelansätze sollten erst an die Oberfläche gebracht werden, wenn sie sich verzweigt haben.

◄ Zahlreiche dünne Wurzeln lassen sich leichter zu einem harmonischen Wurzelfuß gestalten.

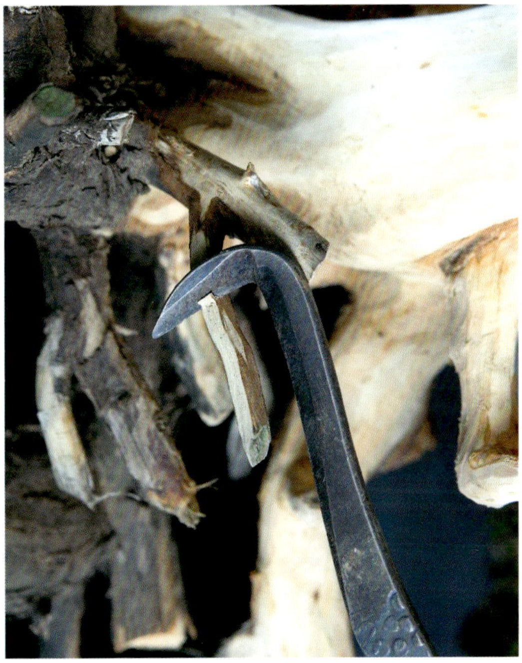

◄ Totes Holz kann mit verschiedenen Werkzeugen bearbeitet werden, damit es wie natürlich verwittert wirkt.

uns Bäume, die zum Teil tote, dominante Äste tragen, einen nachhaltigen Eindruck. Besonders in Küstennähe und im Hochgebirge sind solche Gehölze nicht selten, meist sind es Nadelbäume. Auch bei den Bonsai werden hauptsächlich Nadelbäume in dieser Form gestaltet.
Bei Laubbäumen werden tote Partien oft von Pilzen befallen, die von hier aus auch in den lebenden Bereich des Baumes vordringen können. Deshalb verzichtet man bei Laubbäumen entweder ganz auf diese Gestaltungselemente oder man konserviert diese mehrmals im Jahr mit einem im Fachhandel erhältlichen sogenannten Bleichmittel.

◄ Anschließend werden der Totholzbereich mit einem Jin- oder Bleichmittel (im Fachhandel erhältlich) konserviert.

# Bonsai mit Blüten

► Kamelie *(Camelia japonica)*, Sammlung M. Nadolski, Besenform, Alter ca. 20 Jahre, Höhe ca. 40 cm.

# Bonsai mit Blütenschmuck

Hier haben wir es mit einer Gruppe von Gehölzen zu tun, die, wenn überhaupt, nur weitläufig miteinander verwandt sind. Gemeinsam ist ihnen, dass sie alle eine dominante Blüte entwickeln und deshalb als Bonsai gestaltet werden. Einige sind außerhalb der Blütezeit eher unscheinbar, beispielsweise die Aprikose, Magnolie oder die Scheinhasel. Deshalb wird sehr viel Wert darauf gelegt, diesen kurzen Zeitabschnitt besonders zu fördern. So wird etwa der Wurzelschnitt auf die Zeit nach der Blüte gelegt, damit die Blühfreudigkeit nicht beeinträchtigt wird.

Einige Blütenbonsai zählen zu den **Moorbeetpflanzen.** Unter diesem Begriff fasst man die Pflanzenarten zusammen, die saure Pflanzerde benötigen. Hierzu zählen die Azaleen mit ihren außergewöhnlichen asiatischen Zuchtformen, die Kamelien und die Gardenien. Um diese als Bonsai gut entwickeln zu können, sollte man Regenwasser zur Verfügung haben. Dann macht diese Pflanzengruppe aber auch besonders viel Freude.

▼ Japanische Aprikose *(Prunus mume)*, Sammlung B. Lehmacher – Sie zählt zu den wenigen Laubgehölzen, die häufig mit viel totem Holz (siehe Seite 32) gestaltet werden.

▼ Die Blüte der Aprikose erscheint am Ende des Winters. Verschiedene Sorten mit weißen, rosa bis roten und gefüllten Blüten sind erhältlich.

► Japanische Kamelie *(Camellia japonica)* – Dieses alte, wertvolle Exemplar wurde in Japan fotografiert. Auch dort sind schöne Kamelien-Bonsai selten. Häufig werden an alte Stämme, die in der Natur gesammelt wurden, Äste von kleinblütigen Sorten angepfropft und die ursprünglichen Äste entfernt. Kamelien sollten mit Regenwasser gegossen und ab dem Ende der Blütezeit gedüngt werden. Sie mögen sauren Boden und Halbschatten.

◄ Sazuki-Azalee 'Chinzan', Sammlung H. Kastner – Sazuki-Azaleen werden häufig und in zahlreichen Sorten als Bonsai gestaltet. Die Blüte erscheint von Mai bis Juni. Einige Sorten haben verschiedene Blüten, in Farbe oder Form, an derselben Pflanze. Auch Azaleen mögen Regenwasser, saures Pflanzsubstrat und einen halbschattigen Standort.

◄ Scheinhasel *(Corylopsis spec.)*, Kaskadenform, Höhe ca. 20 cm – Die als Bonsai gestalteten Vertreter dieser Gattung stammen aus Japan oder China und blühen bereits Ende Februar, Anfang März. Oft werden sie auch als Mehrfachstämme gestaltet. Wegen ihrer Salzempfindlichkeit sollten sie mit Regenwasser gegossen werden.

► Zaubernuss *(Hamamelis spec.)*, Doppelstamm, Höhe ca. 80 cm – Die meisten Vertreter dieser mit den Scheinhaseln verwandten Gattung blühen von Januar bis März und sind dann in ihrer Attraktivität kaum zu übertreffen. Es gibt zahlreiche Zuchtformen mit gelben bis roten Blüten. Zaubernüsse wachsen sehr langsam und sind als Bonsai, vermutlich wegen ihrer großen Blätter, äußerst selten.

▲ Blütenkirschen können auch als Kaskadenform gestaltet werden. Die Blütenfarbe ist meist rosa, aber auch weiß und rot denkbar. Es kommen einfache oder gefüllte Blüten vor. Sämlinge oder Stecklinge sind, wegen des schöneren Stammes, Veredelungen vorzuziehen.

▲ Japanische Blütenkirschen – Unter diesem Namen werden sehr viele Zuchtformen verschiedener Prunus-Arten zusammengefasst. Die schönsten von ihnen sind auch als Bonsai sehr reizvoll, einige allerdings, wegen ihrer großen Blätter nur während der Blütezeit. Sie vertragen volle Sonne und können zeitweise auch mit hartem Leitungswasser gegossen werden. Die meisten Arten sind winterhart.

► Lagerstroemie *(Lagerstroemia spec.)*, Sammlung B. Lehmacher, geneigter Stamm, Höhe ca. 90 cm – Die Lagerströmie, ein sommergrünes Gehölz, ist in unterschiedlichen Zuchtformen mit verschiedenen Blütenfarben im Handel. Als Bonsai ist sie ein sehr eleganter Baum, der in Mitteleuropa nur in heißen Sommern blüht. Sie ist nicht frostfest und sollte deshalb keinen Temperaturen unter –2 °C ausgesetzt werden.

## Die richtige Pflege

**Fertig kaufen oder anziehen**

Azaleen, Kamelien und Gardenien lassen sich leicht über Stecklinge vermehren. Außerdem werden einige Arten auch in Gartencentern und auf Blumenmärkten als Topfpflanzen angeboten. Für die Gestaltung als Bonsai eignen sich nur die kleinblättrigen Arten. Die Aprikose ist nur als Importpflanze aus Japan erhältlich und auch nur selten im Bonsaifachhandel zu finden. Gestaltete Bonsai gehören zum Standardangebot des Fachhandels und werden während der Blütezeit in großer Auswahl angeboten. So auch die berühmte Sazuki-Azalee, die es in unzähligen Varianten gibt und die an einem Zweig verschiedenfarbige Blüten entwickeln kann.

▼ In der Blütezeit sind bei den Sazuki-Azaleen (Japanische Azalee) kaum noch Blätter zu erkennen.

**Standort**

Azaleen, Kamelien, Gardenien und Scheinhasel werden auch als Bonsai am besten an einem halbschattien Platz gehalten. Aprikosen, Magnolien und Lagerstroemien sollten dagegen an einem sonnigen Ort stehen.

**Gießen**

Regenwasser beeinflusst den pH-Wert von Moorbeetpflanzen positiv. Hartes Leitungswasser neutralisiert hingegen die Säure der Pflanzerde und verschiebt sie in einen für diese Pflanzengruppe ungünstigen Bereich.
Auch salzempfindliche Pflanzen wie die Scheinhasel sollten hauptsächlich mit Regenwasser versorgt werden. Aprikose und andere *Prunus*-Arten vertragen auch hartes Wasser gut.

**Pflanzerde**

Für Moorbeetpflanzen verwendet man ein spezielles Substrat, das in granulierter Form aus Japan importiert und ohne weitere Zusätze verwendet wird. Dieses Substrat heißt Kanuma, es ist nach der Gegend benannt, in der es abgebaut wird. Wegen seiner hellen, gelben Farbe sollte man den oberen Zentimeter in der Bonsai-Schale mit torfhaltiger Erde auffüllen.
Die anderen Blütenbonsai erhalten ein Gemisch aus Akadama, Lava- oder Bimssplitt und Anzuchterde im Volumenverhältnis von 2 : 1 : 2.

**Düngen**

Alle Blütenbonsai können mit Biogold gedüngt werden. Man kann auch andere Dünger verwenden. Für Moorbeetpflanzen sind im Handel spezielle Dünger erhältlich.
Man beginnt im Frühjahr während oder kurz nach der Blüte mit den Nährstoffgaben.
Im Winter blühende Kamelien düngt man im Frühjahr, sobald sich neue Blätter entwickeln.

**Überwintern**

Die meisten Blütenbonsai vertragen nicht viel oder gar keinen Frost. Azaleen, Aprikose und Scheinhasel dürfen bei Temperaturen unter minus 5 °C nicht ungeschützt stehen. Die Wurzeln sollten in die Erde eingesenkt werden. Wenn regelmäßig Frost unter minus 10 °C zu erwarten ist, empfiehlt sich die Überwinterung im Gartenhäuschen oder Wintergarten. Die meisten Kamelien, Gardenien und Lagerstroemien sollten auf jeden Fall frostfrei überwintern. Ein Platz in der Wohnung ist allerdings ungeeignet, da es hier, auch in ungeheizten Räumen, für diese Pflanzen zu warm ist.

### Gestaltung

Häufig werden Blütenbonsai als Besenform gestaltet, mitunter auch als Kaskaden. Azaleen werden traditionell in der aufrechten Form gezogen. Die Scheinhasel wächst besonders gern als Mehrfachstamm. Andere Stilarten sind selten.

### Rückschnitt

Nach der Blüte werden eventuelle Fruchtansätze entfernt und die Äste stark zurückgeschnitten. Junge Pflanzen entwickeln schneller die gewünschte Baumform, wenn man in den ersten Jahren auf die Blüte verzichtet und mehr Augenmerk auf die zukünftige Form legt. Wenn sie ausgereift ist, kann man die Blütezeit umso mehr genießen.

### Drahten

Ein- bis zweijährige Äste können bei allen Arten noch gut gedrahtet und dann geformt werden. Ältere Äste müssen gespannt werden, damit keine Drahtungsspuren auf der Rinde zurückbleiben.

### Schädlinge und Krankheiten

**Tierische Schädlinge:** Die meisten tierischen Schädlinge kommen auf Azaleen vor. Sie werden von der Rhododendronhautwanze, von Triebspitzenmilben und von Blattnematoden an anderen Spezialisten befallen. Die anderen Arten werden dagegen selten von Schädlingen aufgesucht. Bei Kamelien sind evtentuell Schildläuse zu erwarten.

**Pilzerkrankungen:** Auf allen Blütengehölzen leben unterschiedliche Pilze. Aprikosen können von der Schrotschusskrankheit und der Moniliaspitzendürre befallen werden. Azaleen werden nicht selten von Bodenpilzen heimgesucht, aber auch Blattfleckenpilze kommen vor. Kamelien werden auch von Blattfleckenpilzen und Bodenpilzen befallen.

▲ Die Form der Bonsai-Azaleen ähnelt oft der einer Bonsai-Kiefer.
▼ Aprikose als Kaskade: Totes Holz unterstreicht die Ausstrahlung.

# Expertentipps

**1 Bis zur Blüte wenig Stickstoffdünger**
Hohe Gaben von Stickstoff provozieren die Pflanzen zum Neuaustrieb. In manchen Fällen entwickeln Gehölze bei erhöhtem Stickstoffangebot weniger Blütenknospen und mehr Triebknospen. Deshalb ist es bei den Blütenbonsai möglich, über den Dünger die Blühfreudigkeit zu steuern. Während man nach der Blütezeit, bis zum Herbst stickstoffbetont düngen kann, gibt man vom Frühjahr bis zum Blühbeginn phosphatbetonte Dünger. Ein preiswerter stickstofffreier Dünger ist unter dem Namen Kalisalpeter im Handel. Der bis zur Blütezeit benötigte Stickstoff kann vom Baum aus Reserven, die im Herbst angelegt wurden, aktiviert werden.

1

**2 Während der Blütezeit vor Regen schützen**
Regenfeuchte Blüten werden schnell von Pilzen befallen und unansehnlich, deshalb sollten blühende Bonsai vor anhaltendem Regen geschützt stehen. Kurzer Regen schadet den Blüten nicht. Bereits geschädigte Blüten sollten möglichst schnell vom Baum entfernt werden, ebenso bereits verblühte. So bleiben besonders bei Azaleen die noch ungeschädigten Blüten von Fäulnis verschont. Und nicht vergessen: An einem überdachten Platz muss der Bonsai auch bei starkem Regen gegossen werden.

**3 Bei großer Hitze schattiert aufstellen**
Starke Hitze verkürzt die Blütezeit erheblich. Will man das Verblühen verzögern, stellt man den blühenden Bonsai vor der Sonne geschützt auf. Der neue Stellplatz kann durch Versprühen von Wasser noch zusätzlich abgekühlt werden. Ebenso verfährt man mit Bäumen, die sowieso schon schattig stehen, wie Azaleen, Kamelien und Gardenie. Die Bonsai selbst müssen bei hohen Temperaturen auch deutlich mehr gegossen werden. Während einer Hitzeperiode möglichst

Regenwasser verwenden, damit sich keine Salze in der Pflanzerde anreichern.

**4 Nicht alle Blüten kommen lassen**

Azaleen und Aprikosen entwickeln sehr dicht stehende Blütenknospen. Bei Azaleen kann das in der Hochblüte dazu führen, dass neben den Blüten kein Blattgrün mehr zu erkennen ist. Die einzelne Blüte wird aber deutlich besser zur Geltung kommen, wenn sie nicht von zahlreichen weiteren bedrängt wird. Deshalb können zwei Drittel aller Blüten bereits abgezupft werden, bevor sie sich öffnen. Dies schont auch die Kräfte des Baumes. Bei der aus Japan stammenden Blütenaprikose geht man ebenso vor. Lässt man bei ihr alle Blüten stehen, kann dies dazu führen, dass die Blütentriebe nach der Blüte im Frühjahr nicht mehr genug Kraft haben, um Blätter zu entwickeln und deshalb absterben. Auch hier können mindestens zwei Drittel der angelegten Blüten noch im Knospenstadium entfernt werden.

2

5

**5 Schutzmaßnahmen während der Blütezeit**

Die Kirsche ist bei uns ein wichtiger Kulturbaum, der in vielen Gärten angepflanzt wird. Seit Jahren werden diese Obstgehölze von einem Pilz befallen, der an den ersten heißen Tagen im Sommer die Spitzen der jungen Triebe eintrocknen lässt. Als Folge sterben später nicht selten ganze Äste ab.

Auch Bonsai-Aprikosen und -Kirschen können von diesem Pilz befallen werden, der die Pflanzen über die Blüten infiziert. Will man diesen Schädling bekämpfen, sprüht man die Bonsai bereits vorbeugend, während der Blüte, mit einem Fungizid (Spritzmittel gegen Schadpilze) ein. Das tötet die Sporen ab, bevor sie in die Pflanze eindringen können.

Da die genannte Aprikose im Februar, also im Winter blüht, kann man eventuell eine vorsorgliche Behandlung gegen Milben und Läuse anschließen.

# Bonsai mit Blüten und

► Zierapfel *(Malus spec.)*, Sammlung W. M. Busch, ca. 30 Jahre, Höhe ca. 60 cm.

# Früchten

# Bonsai mit Blüten- und Fruchtschmuck

Bei dieser Gehölzgruppe, zu der vorwiegend Laubbäume gehören, ist neben einer ausdrucksstarken Form ein üppiger Fruchtansatz ein Gestaltungsziel. Man erreicht eine weibliche Ausstrahlung, indem harmonische, sanfte Bewegungen von Stamm und Ästen durch die runden Strukturen der Krone ergänzt werden.

Bonsai mit Blüten und Fruchtschmuck sind das ganze Jahr hindurch attraktiv, erreichen ihren ästhetischen Höhepunkt aber meist zum Zeitpunkt der Fruchtreife. Es sind einige bekannte Obstsorten darunter, etwa Apfelbäume oder Birne, aber auch Wildgehölze wie Schlehe, Pfaffenhütchen, Kornelkirsche oder Weißdorn. Alle europäischen Arten haben auch asiatische Verwandte, die wegen ihrer kleineren Blätter manchmal unseren Wildgehölzen vorgezogen werden. Von der Stechpalme, die ebenfalls in diese Gruppe gehört, sind sogar nur die asiatischen Arten im Bonsaibereich bekannt.

▼ Die robusten Apfel-Bonsai sind auch für Anfänger leicht zu pflegen.

◄ ▼ Europäisches Pfaffenhütchen *(Euonymus europaeus)* frei aufrechte Form, Höhe ca. 40 cm – Verschiedene Arten der Gattung Euonymus (Pfaffenhütchen) sind für die Bonsaigestaltung geeignet. Sie lieben volle Sonne, kalkhaltiges Leitungswasser und reichlich Dünger. Die Früchte übertreffen die Attraktivität der grünen Blüten bei weitem.

◄ Holz-Quitte *(Pseudocydonia sinensis)*, Sammlung M. van Eich, frei aufrechte Form, Höhe ca. 70 cm – Trotz ihrer Größe werden Quitten bei Ausstellungen oft mit einzelnen Früchten präsentiert. Auch dieses Obstgehölz ist leicht zu halten. In manchen Jahren bleiben grüne Blätter den Winter über am Baum.

► Birne *(Pyrus communis)*, Sammlung H. Kastner, frei aufrechte Form, Höhe ca. 80 cm – Birnen werden als Bonsai nur sehr selten gehalten, da sie regelmäßig vom Birnengitterrost, einer auf den Wacholder übertragbaren Pilzerkrankung, befallen werden. In der Pflege sind sie so anspruchslos wie Apfelbäume. Besonders reizvoll ist bei alten Bäumen der borkige Stamm.

▲ Die roten Beerenfrüchte hängen, wenn sie nicht vorher von Vögeln gefressen werden, bis in den späten Herbst am Baum.

▲ Weißdorn *(Crataegus monogyna)* in Herbstfärbung, frei aufrechte Form, Höhe ca. 90 cm – Dieser Baum ist nach seiner Blüte benannt. Es gibt ihn auch mit roten Blüten, dann heißt er Rotdorn. Alle Crataegus-Arten lieben volle Sonne und können auch mit hartem Leitungswasser gegossen werden. Alte Bonsai entwickeln eine feinborkige Rinde.

► Felsenmispel *(Cotoneaster spec.)* Sammlung D. Hamacher, Höhe ca. 30 cm – Viele Cotoneaster-Arten entwickeln kleine Blätter, dazu passende Blüten und kleine Früchte. Sie lassen sich deshalb leicht auch als Miniaturbonsai (bis 20 cm Höhe) gestalten.

◄ Felsenkirsche *(Prunus mahaleb)*, Sammlung H. Kastner, Höhe ca. 70 cm – Die Felsenkirsche ist wegen ihrer kleinen Blätter als Bonsai sehr begehrt. Die Anfang April erscheinenden Blüten sitzen zu mehreren zusammen. Im Sommer reifen erbsengroße Kirschen. Als Bonsai empfehlenswert!

▼ Kornelkirsche *(Cornus mas)*, Besenform, Höhe ca. 35 cm – Dieser heimische kleine Baum blüht oft bereits im Februar (links). Die kirschähnlichen Früchte reifen im Laufe des Sommers, die Herbstfärbung ist leuchtend Rot (unten).

## Die richtige Pflege

### Fertig kaufen oder anziehen

Am einfachsten sammelt man im Herbst Samen, befreit sie vom Fruchtfleisch und bewahrt sie den Winter über in feuchtem Sand im Kühlschrank auf. Im Frühjahr wird dann ausgesät. Jung- und Rohpflanzen werden ebenso wie bereits gestaltete Bonsai im Fachhandel angeboten.

### Standort

Während Apfelbäume, Pfaffenhütchen, Felsenmispel, Weißdorn, Schlehe und andere einen sonnigen, luftigen Standort lieben, können Stechpalmen im Halbschatten aufgestellt werden. An luftigen Plätzen werden die Gehölze weniger von Schadpilzen geplagt. Beginnen die Früchte zu reifen, sollten Kornelkirsche, Felsenkirsche und Stechpalme an einem vogelsicheren Platz stehen, damit diese nicht vorzeitig abgefressen werden.

### Gießen

Der Wasserbedarf des Apfelbaumes ist im Verhältnis zu den meisten anderen Gehölzen dieser Gruppe außergewöhnlich hoch. Von allen Baumarten ist er der erste, der an heißen Tagen die jungen Triebspitzen bei Wassermangel hängen lässt. Zum Giessen der meisten Pflanzen dieser Gruppe kann auch hartes Leitungswasser verwendet werden. In der Zeit, in der sich die Früchte entwickeln, dürfen die Bäume nicht trocken werden, damit sie nicht frühzeitig abfallen.

► An heißen Tagen sollte dieser Miniaturapfel wegen des sonst zu hohen Wasserverbrauchs im Schatten aufgestellt werden.

### Pflanzerde

Als Pflanzerde kann eine Standard-Bonsaierde mit einem Anteil Akadama, Lava- oder Bimsgranulat und Anzucht-Erde im Volumenverhältnis von 1 : 1 : 1 verwendet werden. Auch andere Mischungen, die eine gute Drainagewirkung haben, werden vertragen. Junge Bäume können alle zwei Jahre, ältere alle zwei bis drei Jahre neues Pflanzsubstrat erhalten. Wegen des hohen Wasserbedarfs sollte das Pflanzgefäß bei Apfelbäumen nicht zu klein gewählt werden, so dass das Substrat genügend Wasser für den Tagesbedarf der Pflanze speichern kann.

### Düngen

Das Düngen erfolgt mit festem organischem Bonsaidünger, etwa Biogold, von Mai bis Mitte August. Da diese Gehölze viel Energie und Nährstoffe für die Entwicklung der Früchte verbrauchen, darf am Dünger nicht gespart werden. Während der Vegetationszeit muss regelmäßig und kräftig nachgedüngt werden.

### Überwintern

Überwintert wird im Garten, indem der Ballen ohne Schale an schattiger Stelle eingegraben wird, oder auf dem Balkon in einer mit Torf und Sand gefüllten Kiste.

Die Kornelkirsche blüht oft schon im Februar, während dieser Zeit kann man sie auch so aufstellen, dass man die Blüte betrachten kann. Die Früchte der pflaumenblättrigen Stechpalme kommen erst im Winter, wenn das Laub abgefallen ist, zur Geltung. Diese Pflanzen sollten im Winter vor Vögeln geschützt werden, will man den Fruchtschmuck möglichst lange erhalten. Sind die Bäume im Frühjahr bereits ausgetrieben und beginnen zu blühen, müssen diese vor Spätfrösten geschützt werden.

◄ Die Kornelkirsche wird erst nach der Blüte gestalterisch bearbeitet.

▲ Während der Herbstfärbung geht beim Pfaffenhütchen die Wirkung der ebenfalls roten Früchte verloren.

**Gestaltung**

Die meisten Früchte tragenden Bonsai werden entweder in der Besenform oder in der frei aufrechten Form gezogen. Obwohl die anderen Stilarten seltener sind, spricht nichts dagegen, eine Gestaltung zum Beispiel in der Kaskadenform zu entwickeln. Um eine natürliche Ausstrahlung zu erreichen, dürfen diese Gehölze nicht zu akkurat gestaltet sein.

Die beste Zeit zur Gestaltung einer Rohpflanze liegt zwischen dem Anschwellen der Knospen im Frühjahr und Ende Juni.

**Rückschnitt**

Wenn sich nur wenige Früchte entwickelt haben, treiben die Gehölze dieser Gruppe bis zum Spätsommer nach jedem Rückschnitt neu aus. Der Rückschnitt kann je nach Alter des Baumes ab einer Trieblänge von 5–10 cm erfolgen. Alte ausgereifte Bäume werden pinziert, nachdem sich ein bis zwei Blätter gebildet haben.

Ältere Äste, die ganz entfernt werden sollen, entfernt man im Frühjahr mit dem Neuaustrieb, da um diese Zeit auch große Schnittstellen am besten verheilen.

**Drahten**

Ein- bis zweijährige Äste lassen sich noch leicht im gedrahteten Zustand in Position bringen. Ältere Äste formt man am besten mit Spanndrähten.

**Schädlinge und Krankheiten**

Bei den fruchttragenden Bonsai sind zahlreiche Schädlinge bekannt, allerdings gefährden nur wenige das Leben der befallenen Pflanze.

**Tierische Schädlinge:** Die Obstbaumspinnmilbe die man an gelblich marmorierten Blättern erkennt, ist ebenso häufig wie einige Blattläuse und die Blutlaus an Apfel, Birne und Zwergmispel.

**Pilzerkrankungen:** Von Bedeutung sind der Obstbaumkrebs, der durch das Wegschneiden befallener Stellen bekämpft wird, der Birnengitterrost und der Echte Mehltau.

**Bakterienerkrankungen:** Der Feuerbrand, eine meldepflichtige Bakterienerkrankung, kommt bei Apfel und Birne, Zweigmispel und Weißdorn vor. Man erkennt sie daran, dass die Blätter junger Triebe plötzlich welken und braun werden. Sie bleiben schwarzbraun am Baum hängen.

# Expertentipps

## 1 Viele Früchte hemmen die Entwicklung

Man kann immer wieder beobachten, dass Bonsai, die viele Früchte tragen, kaum wachsen und sich die Form nur wenig weiterentwickelt. Jungen Bäumen entfernt man deshalb nach der Blüte die sich entwickelnden Früchte, um die dann üppiger treibenden neuen Äste zum Aufbau eines harmonischen, charaktervollen Bonsai zu nutzen. Hat sich später ein ansehnlicher Bonsai entwickelt, kann man die ersten Früchte zulassen. Besonders Apfelbäume neigen dazu, große Mengen an Früchten zu entwickeln. Man kann durchaus etwa die Hälfte entfernen, um eine weitere Entwicklung nicht zu hemmen. Anderen Obstgehölzen, etwa der Scheinquitte, werden höchstens zwei oder drei Früchte belassen, weil diese auch beim Bonsai fast faustgroß werden können.

## 2 Nicht zu spät zurückschneiden

Einige Gehölze legen schon im Spätsommer die Blütenknospen für das nächste Frühjahr an. Deshalb sollten diese im Sommer nur noch pinziert werden. Apfelbäume, die zum Beispiel nach diesem Zeitpunkt noch stark zurück geschnitten werden, treiben dann oft Blütenknospen aus. Man hat dann neben den reifenden Äpfeln schon wieder neue Blüten. Ähnliches passiert auch, wenn während einer Hitzeperiode Äste wegen Trockenheit absterben. Treibt ein solcher Baum in Herbst dann noch aus, bringt er häufig auch Blüten zum Vorschein. Früchte können sich aus diesen Blüten allerdings nicht entwickeln, weil ja der Winter kurz bevor steht. Auch die Blüte im kommenden Frühjahr ist kaum beeinträchtigt, weil nur ein geringer Teil schon im Herbst getrieben ist.

## 3 Wichtig: ausreichende Bestäubungsmöglichkeiten

Die meisten Gehölze, die wegen ihrer Früchte gezogen werden, tragen weibliche und männliche Blüten an einem Baum (Einhäusigkeit), so dass sie sich theoretisch selbst befruchten können. Es zeigt sich aber, dass eine fremde Bestäubung deutlich erfolgreicher ist. Es bilden sich also mehr Früchte, wenn mehrere Bäume derselben Art, die gleichzeitig blühen, zusammenstehen. Einen Bonsai-Obstbaum kann man auch während der Blüte zu einem »normalen« Obstbaum im Garten stellen, damit er viele Früchte bildet.

Stechpalmen zählen hingegen zu den zweihäusigen Gehölzen, es gibt also männliche und weibliche Pflanzen. Um Früchte entwickeln zu können, benötigen die weiblichen

3

## 5 Früchte vor Vogelfraß schützen

Häufig werden reifende Früchte, die sich an Bonsai entwickeln, besonders die beerengroßen, von Vögeln abgefressen. Will man dies verhindern, müssen fruchttragende Bonsai vogelsicher aufgestellt werden, sobald sich die Früchte rot zu verfärben beginnen. Die Pflaumenblättrige Stechpalme *(Ilex serrata)* etwa wirkt im laublosen Zustand durch die roten Beeren besonders anziehend; sie sollte auch im Winterquartier für Vögel unzugänglich aufgestellt werden, beispielsweise wenn sie für eine Ausstellung im Januar oder Februar vorgesehen ist. Äpfel werden nach dem ersten Frost weich und beginnen zu faulen, werden dann aber meist schnell abgefressen, wenn sie nicht zuvor von selbst abfallen.

Bäume einen männlichen Partner in ihrer Nähe. Auch hier muss das kein Bonsai sein. Mit etwas gärtnerischem Geschick kann man auch einen männlichen Ast an eine weibliche Pflanze anpfropfen.

Bei einigen Gehölzen, wie zum Beispiel dem Pfaffenhütchen, werden die Pollen vom Wind zur weiblichen Blüte befördert. Apfel, Birne, Quitte und andere Früchte tragende Bonsai werden von Insekten bestäubt. Wenn wegen schlechten Wetters während der Blütezeit keine Insekten fliegen, kann man auch mit einem weichen Pinsel etwas nachhelfen.

## 4 Sorten mit kleinen Früchten

Die normale Fruchtgröße nimmt bei Bonsai nur minimal ab. So können an einem Boskop-Apfelbonsai, auch wenn er nur 30 cm groß ist, faustgroße Äpfel wachsen. Weil dann die Proportionen nicht stimmen, wählt man für die Bonsaigestaltung möglichst kleinfruchtige Sorten aus.

Bei der Birne kann das zum Beispiel die Holzbirne sein. Beim Apfel gibt es neben der Wildform auch zahlreiche Zierformen, die nur kirschgroße Früchte entwickeln und ideal geeignet sind.

4

# Kiefern und Lärchen

► Mädchenkiefer *(Pinus parviflora)*, Sammlung M. v. Eick, frei aufrechte Form, Alter ca. 60 Jahre, Höhe ca. 70 cm.

# Kiefern und Lärchen

Diese Nadelbäume zeichnen sich durch eine grobe Borke und einen ausgeprägten Lichthunger aus. Von alten Kiefern- und Lärchenbonsai wird eine männliche Ausstrahlung erwartet. Die Gestaltung kann ungünstige Lebensbedingungen und einen andauernden Kampf ums Überleben suggerieren. Unterstützt wird dies durch eine oft eindrucksvolle Borkenbildung und tote Holzpartien, die nicht selten bewusst als gestalterisches Mittel eingesetzt werden.

Die heimische Kiefer, Bergkiefer, Spirke, Waldkiefer und Zirbelkiefer sowie die Europäische und Japanische Lärche zeichnen sich durch hohe Frostresistenz aus, die asiatischen Kiefernarten Mädchenkiefer, Rotkiefer und Schwarzkiefer müssen hingegen von Temperaturen unter –5 °C geschützt werden. Aus dem Mittelmeerraum kennen wir auch einige Kiefern, die frostfrei gehalten werden sollten, wie die Pinie und die Seekiefer. Andere, auch gut für die Bonsaigestaltung geeignete Kiefern stammen aus Nordamerika. Kiefern und Lärchen werden mehrere hundert Jahre alt, so dass diese als Bonsai über einige Generationen weitervererbt werden können. In Japan gehören die Kiefern zu den beliebtesten Baumarten für die Bonsai-Gestaltung.

◄ Spirke *(Pinus uncinata)*, Literatenform, Höhe ca. 90 cm – Der Bergkiefer sonst sehr ähnlich, wächst diese heimische Baumart in der Natur meist aufrecht. Sie mag einen sonnigen Platz. An das Gießwasser stellt sie keine besonderen Ansprüche. Als Bonsai sehr leicht zu pflegen!

► Japanische Schwarzkiefer *(Pinus thunbergii)*, Sammlung H. Lehner, Waldform, Höhe ca. 90 cm – Sie ist nicht so frostfest wie heimische Kiefern, aber als Bonsai sehr begehrt. Die Sorte 'Corticosa' entwickelt eine extrem grobe Borke.

▲ Waldkiefer *(Pinus sylvestris)*, Sammlung W. Wirth, Mehrfachstamm, Höhe ca. 80 cm – Volle Sonne und reichlich Dünger sorgen für eine optimale Entwicklung.

▲ Bergkiefer *(Pinus mugo)*, naturnahe Gestaltung, Sammlung G. Wolf, Höhe ca. 40 cm – Neben der Waldkiefer ist sie die am häufigsten gestaltete heimische Kiefernart.

▲ Mädchenkiefer *(Pinus parviflora)*, Höhe ca. 80 cm – Diese oft aus China und Japan importierte Kiefernart ist wegen ihrer kurzen Nadeln ein ideales Bonsai-Gehölz. Veredelungen sind besonders robust. Es gibt einige Sorten, die sich in Nadelfarbe und -länge unterscheiden.

◄ Asiatische Rotkiefer *(Pinus densiflora)*, Höhe ca. 90 cm – Diese Kiefer besticht durch die außergewöhnlich starke Borke alter Exemplare. Wegen ihrer feinen, langen Nadeln wird sie bei uns selten als Bonsai angeboten.

◀ Drehkiefer *(Pinus contorta)*, frei aufrechte Form – Die aus Nordamerika stammende feinborkige Kiefer ist ähnlich robust wie heimische Arten. Als Bonsai empfehlenswert!

▼ Blüten der Lärche, aus den weiblichen Blütenständen entwickeln sich Zapfen. Pro Ast nur einen Zapfen zulassen!

▼ Europäische Lärche *(Larix decidua)*, Waldform, Höhe ca. 50 cm – Diese sommergrünen Nadelbäume brauchen einen sonnigen Standort, vertragen aber als Bonsai keine Trockenheit und keine große Hitze.

## Die richtige Pflege

### Fertig kaufen oder anziehen

Samen sammelt man, wenn die Zapfen sich öffnen, bewahrt diese trocken auf und sät im Frühjahr aus.
Bergkiefer und Mädchenkiefer werden in vielen Sorten und Altersstufen in Baumschulen angeboten, allerdings wachsen sie meist strauchförmig. Dennoch lassen sie sich zu beeindruckenden Einzelbäumen gestalten.
Findlinge von Kiefern werden im Frühjahr direkt nach der Schneeschmelze vor dem Anschwellen der Knospen gesammelt. Lärchenfindlinge können auch erfolgreich im Herbst ausgegraben werden. Allerdings ist vorher eine Erlaubnis der zuständigen Forstbehörde einzuholen.
Bereits gestaltete Kiefern werden in allen Bonsaifachbetrieben in verschiedenen Alterstufen angeboten.

▼ Im Winter verändern manche Nadelbäume ihre Farbe: Wacholder (ul) werden rotbraun, Schwarzkiefern gelblichgrün, Mädchenkiefern (m) bleiben bläulich.

### Standort

Der Standort sollte für alle Kiefern und Lärchen sonnig und luftig sein. Äste, die in den Schatten geraten, verkümmern oder sterben sogar ab. Hohe Luftfeuchtigkeit fördert ihre Entwicklung.

### Gießen

Bis auf die Mädchenkiefer können alle Kiefern und Lärchen ständig gut feucht gehalten werden. Kiefern ertragen aber auch kurzeitige Trockenheit. Bei Schwarzkiefern entstehen allerdings bei anhaltend großer Feuchtigkeit sehr lange Nadeln. Will man dies verhindern, stellt man sie während einer Schlechtwetterperiode überdacht auf. Zum Gießen kann bei Kiefern und Lärchen auch hartes Leitungswasser verwendet werden.

### Pflanzerde

An das Pflanzsubstrat werden außer an gute Drainageeigenschaften keine besonderen Ansprüche gestellt. Es kann stark sandig bis stark lehmig sein und sollte immer viel grobkörniges Material enthalten, was unter anderem das Wurzelwachstum fördert. Zum Beispiel kann eine Mischung aus Akadama, feinem Kies und Lava- oder Bimsgranulat im Verhältnis von 2 : 1 : 1 verwendet werden. Das Substrat sollte bei bereits gestalteten Pflanzen alle drei Jahre gewechselt werden. Wenn der Ballen aus der Schale genommen wird, ist leicht der Mykorrhizapilz als weißes Geflecht in der Erde und an den Wurzelspitzen zu erkennen. Ohne diesen Pilz, der mit dem Baum in Symbiose lebt, ist dieser in der Regel weniger vital und widerstandsfähig.

### Düngen

Kiefern und Lärchen brauchen, um zu überleben, keine großen Nährstoffmengen. Sollen sie sich aber zügig weiterentwickeln, müssen sie regelmäßig und nicht zu sparsam gedüngt werden. Auch die Nadellänge kann über die Nährstoffversorgung gesteuert werden.

◄ Asiatische Rotkiefer *(Pinus densiflora)* als Literatenform in Japan gesehen.

## Gestaltung

Kiefern und Lärchen lassen sich in viele Stilarten bringen. Sie zählen zu den am häufigsten gestalteten Nadelbäumen. Auf Ausstellungen sind regelmäßig neben der frei aufrechten Form auch Literaten und Kaskaden zu sehen. Die Besenform ist allerdings unüblich.

## Drahten

Auch ältere Äste lassen sich noch drahten und formen. Die Äste der Asiatischen Rotkiefer sind allerdings phasenweise sehr brüchig, ihre Elastizität muss also vor einer Gestaltung überprüft werden. Um die Rinde alter borkiger Äste zu schützen, können diese auch mit Spanndrähten geformt werden.
Berg- und Waldkiefern werden meist im Winter gedrahtet. Die Zeit zwischen Anfang Herbst bis zum Ende des Winters ist allerdings für alle Kiefern zu bevorzugen, weil jetzt die Gefahr der Beschädigung junger Knospen gering ist. Die in dieser Zeit angelegten Drähte können im Sommer bereits zu eng anliegen und, wenn sie nicht vorher entfernt werden, bis zum Herbst einwachsen.
Bei Lärchen nimmt man die Erstgestaltung am besten im Frühjahr vor, bevor sich die neuen Nadeln entwickeln.

## Rückschnitt

Findlinge von Kiefern, die nicht frisch gesammelt wurden, gesund und gut durchwurzelt sind, können bei der ersten Gestaltung im Frühjahr bis ins alte Holz zurück geschnitten werden. Allerdings müssen am verbleibenden Aststück noch grüne Nadeln sitzen. Solche Äste harzen etwas stärker als im Winter zurückgeschnittene, treiben aber nach etwa vier Wochen zahlreiche neue Knospen, nicht nur an der Schnittstelle, sondern entlang des ganzen Astes. Bei bereits gestalteten Bäumen werden die sich entwickelnden Kerzen auf 1–2 cm zurück gebrochen, bevor die Nadeln ihre Hülle verlassen. Sind mehr als zwei Kerzen am Triebende vorhanden, werden die überzähligen komplett entfernt.
Bei guter Nährstoffversorgung entwickeln sich noch im gleichen Jahr neue Triebe im inneren Kronenbereich. Sie treiben spätestens im nächsten Frühjahr aus, so dass die Verzweigung deutlich zunimmt.
Starke Äste entfernt man im Winter.

▲ Um eine klare Struktur zu erreichen, müssen Kiefern gedrahtet werden.

## Schädlinge und Krankheiten

Die Nadelbaumwolllaus und die Nadelbaumschildlaus sind wegen ihrer weißen Farbe leicht zu erkennen.
Verschiedene Insektenlarven fressen in den Knospen oder an den Nadeln. Diese Schädlinge sollten aktiv bekämpft werden.

## Überwintern

Zur Überwinterung sollten alle Kiefern und Lärchen, bis auf die Kiefern des Mittelmeerraumes, im Garten ohne Schale eingesenkt werden.

▼ Schnee schützt Bonsai vor zu strengem Frost.

# Expertentipps

**1 Kiefern regelmäßig duschen**

Kiefern mögen es, in Stresssituationen mit Wasser eingesprüht zu werden. Dies bewirkt an heißen Tagen, dass die Pflanzen nicht überhitzen. Allerdings sollte das Wasser nicht zu kalt sein. Eine Umgestaltung wird ohne Astverluste überstanden, wenn eventuell entstandene feine Risse durch den Sprühnebel feucht gehalten und so schneller verheilen können. Ebenso geht es Kiefern oder Lärchen, die frisch vom Draht befreit wurden. Da, wo der Draht schon eng gesessen hat, entstehen leicht Wunden. Sie verheilen besser, wenn sie feucht gehalten werden.

**2 Nadellänge erst bei reifen Bäumen beachten**

Einige für die Bonsaigestaltung häufig verwendete Kiefern bilden von Natur aus lange Nadeln aus. Um bessere Proportionen zu erreichen, wünscht man sich oft kleinere. Dies ist durch verschiedene Eingriffe auch zu erreichen, hemmt aber die Vitalität der Pflanze. Deshalb sind alle Maßnahmen, die zu einer Verkürzung der Nadeln führen, zu unterlassen, solange der Baum noch in der Grundentwicklung steckt. Nur eine kräftige Düngung während der Vegetationszeit und eine möglichst große photosyntheseaktive Nadelmasse geben der Pflanze die Möglichkeit, einen dicken, kräftigen Stamm zu entwickeln. Dann werden viele neue Knospen aktiviert, so dass die Verzweigung des Baumes zunehmen kann.

1

**3 Nadellänge über Nährstoffversorgung steuern**

Hat ein Bonsai einen gewissen Reifegrad erreicht, kann man damit beginnen, die Nadellänge kurz zu halten. Ein einfacher Weg zu kürzeren Nadeln führt über die Nährstoffversorgung. Große Düngermengen während des Wachstums führen, besonders bei hohem Stickstoffanteil, zu besonders langen Nadeln. Deshalb werden reife Bonsai erst im Juni mit dem ersten Dünger versorgt und erst ab Ende September hört man mit den letzten Nährstoffgaben auf. Mit dem Herbstdünger werden Reserven angelegt, aus denen der Baum im Frühjahr die jungen Nadeln entwickelt, die dann deutlich kleiner ausfallen.

**4 Nadeln zupfen, um die Wuchskraft zu steuern**

Schaut man sich einen jungen Kiefernbonsai im Winter an, dann stellt man häufig fest, dass die Knospen, die an jedem Astende sitzen, im oberen Drittel der Krone deutlich kräftiger sind als an den darunter liegenden Ästen. Im kommenden Frühjahr werden die kräftigeren Knospen auch viel längere und

4

5

dickere Kerzen entwickeln als die kleineren. In der Natur gewinnt die Kiefer dadurch schnell an Höhe und kann beim Konkurrenzkampf um den besten Platz an der Sonne mithalten. Beim Bonsai sollen sich aber alle Äste möglichst gleichmäßig entwickeln, oder man benötigt sogar bei den unteren Ästen ein stärkeres Wachstum. Dies kann man dadurch erreichen, dass man die um die jeweiligen Knospen angeordneten Nadeln unterschiedlich stark reduziert. Im oberen Kronenbereich, wo wir die Wuchskraft zurückfahren wollen, lassen wir deutlich weniger Nadeln an den Triebenden stehen, als an den unteren Ästen, wodurch hier das Wachstum gesteigert werden kann.

**5 Anpropfen**

Bis sich bei Kiefern neue Verzweigungen bilden, vergehen oft einige Jahre. Soll dies schneller geschehen, können auch dünne Äste als Verzweigung angepfropft werden. Hierzu spitzt man das Pfropfreis mit zwei Schnitten so an, dass es unter eine mit einem kurzen Schnitt erzeugte Rindenlasche des zu ergänzenden Astes geschoben werden kann. Das Ganze wird mit Moos und Folie vor Austrocknung geschützt.

**6 Findlinge zwei bis drei Jahre schonen**

In den letzten Jahren werden immer mehr Kiefernfindlinge aus der Natur als Bonsai gestaltet. Diese Pflanzen haben den Vorteil, dass sie wegen ihres hohen Alters schon eine kräftige, markante Borke entwickelt haben. Außerdem wirken die Stammbewegungen besonders natürlich, weil sie zufällig entstanden sind. Solche Pflanzen darf man natürlich nur mit entsprechender Genehmigung ausgraben. Zu Hause brauchen diese Kiefern und Lärchen mehrere Jahre, um sich an die neue Situation zu gewöhnen. Während dieser Zeit wachsen zunächst neue Wurzeln, dann beginnen nach und nach neue Verzweigungen auszutreiben. Frühestens nach zwei bis drei Jahren kann man mit der ersten Gestaltung beginnen.

6

# Wacholder

► Chinesischer Wacholder *(Juniperus chinensis)*, Sammlung H. Lehner, frei aufrechte Form, Alter ca. 60 Jahre, Höhe ca. 80 cm.

# Wacholder

Bei den Wacholdern handelt es sich um eine Gehölzgattung die im Bonsaibereich wegen ihrer Robustheit besonders beliebt ist. In der Natur ist der Wacholder widerstandsfähig und flexibel. Die häufigste heimische Art, der Gemeine Wacholder, kommt vom tiefsten Flachland bis zum Hochgebirge vor. Er übersteht auch die Einwirkungen harter klimatischer Bedingungen, die allerdings in der Natur oft ihre Spuren hinterlassen. Abgestorbene Äste oder Stammteile sind hier nicht selten. Diese Besonderheit wird bei der Bonsaigestaltung genutzt, um den Kampf ums Überleben zu suggerieren. Unter den Wacholderbonsai finden wir deshalb besonders dramatische, einprägsame und charaktervolle Gestaltungen. Der Gemeine Wacholder *(Juniperus communis)* ist als Bonsai nicht unempfindlich. Er ähnelt auch in dieser Beziehung dem asiatischen Igelwacholder *(Juniperus rigida)*. Besonders häufig und als Bonsai leicht zu pflegen, ist der Chinesische Wacholder *(Juniperus chinensis)*. Dessen Sorten mit schuppigen Nadeln, die keine echten Nadeln mehr entwickeln, werden bevorzugt.

◄ Chinesischer Wacholder *(Juniperus chinensis)*, Sammlung H. Lehner, Höhe ca. 80 cm – Die Wildform des Chinesischen Wacholders bildet nadelförmige und schuppenförmige Blätter nebeneinander aus.

◄ Gemeiner Wacholder *(Juniperus communis)*, Sammlung Ch. Przybylski, Höhe ca. 90 cm, Bild im Hintergrund U. Claassen.

◄ Igelwacholder *(Juniperus rigida)*, streng aufrechte Form, Höhe 70 cm – Dieser asiatische Wacholder bildet wie der Gemeine Wacholder stechende Nadeln aus.

◄◄ Felsenpflanzung mit *Juniperus chinensis*, hier eine Zuchtform, die nur noch schuppenförmige Blätter entwickelt.

## Die richtige Pflege

### Fertig kaufen oder anziehen

Früchte sammelt man im Herbst, entfernt das Fruchtfleisch und bewahrt die Samen den Winter über in feuchtem Sand im Kühlschrank auf. Im Frühjahr wird dann ausgesät. Auch beim Wacholder keimen viele Samen erst im zweiten Jahr.
Der Wacholder lässt sich leicht durch im Sommer geschnittene Stecklinge vermehren.
In Baumschulen und Bonsaifachgeschäften findet man verschiedene und zahlreiche Zuchtformen. Bonsaigeeignete Findlinge kann man nur selten kaufen. Der sehr wenig kompakte Wurzelballen am natürlichen Standort bereitet große Schwierigkeiten. Hat man einmal die Gelegenheit, einen Findling ausgraben zu dürfen, sollte man dies nicht ohne den Rat eines Spezialisten tun. Die größten Überlebenschancen hat die Pflanze, wenn sie im Frühjahr vor dem Neuaustrieb gesammelt wird, im Hochgebirge direkt nach der Schneeschmelze.
In Bonsaifachbetrieben werden Wacholder regelmäßig in gestalteter Form angeboten.

► Sabina-Wacholder *(Juniperus sabina)*: Dieser im Hochgebirge heimische Wacholder, hier kurz nach der ersten Grundgestaltung, entwickelt ebenfalls nur Schuppen und ist deshalb angenehm zu bearbeiten.

### Standort

Wacholder lieben als Bonsai einen sonnigen luftigen Standort. Hohe Luftfeuchtigkeit erhöht das Wohlbefinden. Äste, die ständig auf Sonne verzichten müssen, sterben ab oder verkümmern. Nur frische Findlinge oder frisch gestaltete Pflanzen sollten vor der heißen Mittagssonne geschützt aufgestellt werden.

### Gießen

Gewässert werden kann ganzjährig mit Leitungswasser. Bei warmem Wetter gedeihen Wacholder in gleichmäßig feuchter Erde am besten. Pflanzen mit gesunden, fein verzweigten Wurzeln ertragen aber auch kurzzeitige Trockenheit.

### Pflanzerde

An das Pflanzsubstrat werden keine besonderen Ansprüche gestellt. Wacholder gedeihen in torfbetonter Erde ebenso wie in Lehm. Die Pflanzerde kann aus Akadama und Bims- oder Lavasplitt im Verhältnis von 1 : 1 bestehen.
Es kann aber auch ein Drittel Torf enthalten.

### Düngen

In der Natur kommen Wacholder mit einem sehr geringen Nährstoffangebot aus. Bei Bonsai erwartet man aber eine kompakte, möglichst schnelle Entwicklung. Diese ist nur mit kräftiger Düngung zu erreichen. Man verwendet von Mai bis Herbst festen, organischen Dünger.

### Überwintern

Die heimischen Wacholder sind ebenso wie der Chinesische Wacholder sehr winterhart. Um eine gleichmäßig feuchte Erde in der kalten Jahreszeit zu gewährleisten, sollten sie wie der empfindlichere Igelwacholder ohne Schale im Garten eingesenkt werden.

◄ In Japan ist die Entwicklung der braunen Winterfarbe bei Wacholdern besonders deutlich ausgeprägt. Tote Stamm- oder Astpartien sind bei Bonsaiwacholdern die Regel.

**Gestaltung**

Zur Gestaltung stehen Findlinge und Baumschulpflanzen zur Verfügung. Wacholder sind für Gestaltungen, in die viel totes Holz integriert werden soll, bestens geeignet. Häufig sieht man Bonsai-Wacholder in frei aufrechter Form, aber auch streng aufrechte Form, Literatenform oder Kaskadenform sind Stilarten, die den Charakter dieser Gehölze treffend wiedergeben können. Die Grundgestaltung wird am besten zwischen Anfang Oktober und Ende Juni vorgenommen.

**Rückschnitt**

Sämlinge schneidet man die ersten drei Jahre nicht. Älteren Pflanzen wird, um dichte Kissen zu erhalten, der Neuaustrieb bei einer Länge von 2–3 cm auf ein Drittel durch Auszupfen oder Ausschneiden der Triebspitze eingekürzt. Größere Schnittstellen wachsen nur sehr langsam zu. Im Frühjahr entstandene und gleich versorgte Wunden schließt der Baum noch am besten.

**Drahten**

Besonders gut lassen sich die zweijährigen Äste drahten, da diese schon eine gewisse Stärke haben, aber noch nicht zu dick und steif sind. Wacholder kann auch gut mit Draht geformt werden, weil die Rinde nicht so empfindlich bzw. nach einiger Zeit abgeschält wird, so dass Drahtnarben verschwinden. Starkes Biegen wird im Winter, aber auch während der Vegetationsperiode, vertragen, wenn der Baum danach einige Tage schattig gestellt wird.

**Krankheiten und Schädlinge**

**Tierische Schädlinge:** Bei Wacholdern verursacht die Nadelholzspinnmilbe *(Oligonychus ununguis)* eine fahl graugrüne Verfärbung. Ohne Bekämpfung stirbt die Pflanze.

Die hellgraue Schildlaus, die sehr zahlreich auftreten kann, muss ebenfalls konsequent bekämpft werden.

**Pilzerkrankungen:** Durch das Verfärben einzelner junger Triebe von gelb bis hin zu braun macht sich das Zweigsterben, eine Pilzerkrankung, bemerkbar. Die Bekämpfung erfolgt durch großzügiges Zurückschneiden der befallenen Pflanzenteile und mehrmaliges Spritzen mit einem entsprechenden Fungizid (im Fachhandel erfragen).

Leuchtend orange gefärbte, zungenförmige Auswüchse auf absterbenden Ästen weisen auf einen Befall von Weißdornrost, Ebereschenrost oder Birnengitterrost hin.

▼ Häufig wird die kommaförmige Nadelbaumschildlaus erst spät erkannt. Die Bekämpfung kann mit einem Winterspritzmittel erfolgen.

# Expertentipps

**1 Junge Wacholder und Findlinge vor heißer Sonne schützen**

Wacholder-Bonsai benötigen normalerweise das ganze Jahr über volle Sonne, damit überall, auch in dichten Nadelpolstern, genügend Licht ankommt. Im Sommer kann dies für junge Pflanzen zum Problem werden, weil kleine Töpfe auch schnell trocken werden und dann die Gefahr besteht, dass die Pflanze einen Hitzeschaden erleidet. In der Natur entwickeln Wacholder ungewöhnlich lange Wurzeln, so dass sie auch bei der größten Hitze noch Wasser finden. In einem Pflanzgefäß ist dies leider nicht möglich. Ein ähnliches Problem haben Findlinge, die frisch oder auch erst vor einem Jahr gesammelt wurden. Diese hatten noch nicht genügend Zeit, um ihre Wurzeln zu regenerieren. Deshalb sind sie wegen der zu geringen Wurzelmasse nicht in der Lage, genügend Wasser zur Kühlung zu transportieren. Zumindesten an heißen Tagen ist es also notwendig, kleine Wacholder und Wacholderfindlinge vor direkter Sonne zu schützen. Auch frisch gedrahtete Pflanzen stehen gerne einige Zeit etwas schattiger. Regelmäßiges Einsprühen mit Regenwasser hilft Wacholdern ebenso wie Kiefern, sich schneller zu regenerieren.

1

**2 Astdicke optimieren**

Bei einem ausgereiften Bonsai erwartet man, dass die unten am Stamm sitzenden Äste die dickeren, die darüber liegenden dünner und die Äste in der Spitze noch dünner sind. Nach der ersten Gestaltung eines Baumes oder auch bei einem gekauften Bonsai stellt man aber häufig fest, dass diese Forderung nicht erfüllt wird. Allerdings ist es möglich, dies nachträglich zu korrigieren. Um dies zu erreichen, lässt man bei dem Ast, der schneller dicker werden soll als die anderen, die Spitze unberührt wachsen. Den Zuwachs der übrigen Seitenzweige dieses Astes kürzt man dagegen regelmäßig ein. So erhält man neben einem stärkeren Dickenwachstum gleichzeitig dicht stehende Schuppen oder Nadeln.

**3 Bast zum Schutz der gestalteten Äste**

In stark gebogenen Ästen entstehen leicht Risse, über die Luft in die Leitungsbahnen gelangt. Diese können dadurch funktionsunfähig werden, so dass der entsprechende Ast abstirbt. Um dies zu vermeiden, kann der Ast vor dem Drahten mit einer dicken Lage Bast (Raffia) eng umwickelt werden. Das schützt eventuell entstehende Wunden vor dem Eintrocknen, so dass der Baum genügend Zeit hat, um Reparaturen durchzuführen. Zusätzlich ist die Rinde des Astes vor Verletzungen durch den Draht selbst geschützt. Auch wenn der Draht zu eng werden sollte, hinterlässt er auf der Rinde keine Spuren.

### 4 Wacholder aus der Baumschule

In manchen Baumschulen kann man bis zu zehnjährige bonsaigeeignete Wacholder finden. Diese sind, weil preiswert und zusätzlich robust, gute Übungsobjekte. Auch beim Thema Bonsai kann man sich nur durch Übung gestalterisch weiterentwickeln. Hat man entsprechende Ambitionen, sollten mehrere Wacholder im Jahr gestaltet werden. Hier übt man besonders das Drahten und auch Arbeiten am toten Holz können bei diesem Baum nicht falsch sein. Dabei wird man feststellen, wie schwierig es ist, Holzpartien so zu bearbeiten, dass sie wie natürlich verwittert aussehen.

Irgendwann hat man vielleicht keinen Platz mehr für neue Pflanzen. In diesem Fall beginnt man am besten damit, die ersten Bonsai zu verschenken. Findet der eine oder andere Beschenkte Spaß daran, Bonsai selbst zu gestalten, kann man Erfahrungen austauschen und es ist jemand da, der die Pflege im Urlaub übernehmen könnte.

3

4a

4b

4c

4d

4e

4f

# Fichten und Eiben

► Fichte *(Picea abies)*, Sammlung, aufrechte Form, Höhe ca. 60 cm.

# Fichten und Eiben

Fichten und Eiben sind zwar nur weitläufig miteinander verwandt, können aber als Bonsai unter ähnlichen Bedingungen gehalten werden. Ein natürlicher Standort der Fichte *(Picea abies)* ist zum Beispiel das Hochgebirge. Dort findet man sie an Nordhängen in Reinbeständen, an sonnigeren Stellen gemeinsam mit der Lärche. Die Eibe *(Taxus baccata)* kommt in lockeren Mischwäldern eher als Solitärgehölz vor. Wegen ihres langsamen Wachstums wird die Eibe hauptsächlich in Parks und Gärten angepflanzt, während die Fichte ein forstwirtschaftlich bedeutender Baum ist und häufig auch im Flachland in Monokulturen kultiviert wird. Für die Bonsaigestaltung sind beide Arten ebenso wie ihre asiatische Verwandten, Ajanfichte *(Picea jezoensis)* und Japanische Eibe *(Taxus cuspidata)*, sehr gut geeignet.

Die Eibe akzeptiert eine neue Form willig, während bei der Fichte die Äste lange noch in die alte Form zurückgehen, sobald man den Draht wieder entfernt. Beide Bäume werden gerne mit viel totem Holz gestaltet, was ihnen einen Ausdruck von Überlebenswillen und Kampfkraft verleiht.

◄ Fichte *(Picea abies)*, frei aufrechte Form, Höhe ca. 90 cm – Der Standort kann halbschattig gewählt werden. Um eine befriedigende Form zu erreichen, muss ein Fichten-Bonsai regelmäßig (alle zwei Jahre) nachgedrahtet werden.

▲ Die weiblichen Bäume der zweihäusigen Eibe entwickeln optisch attraktive Früchte.

◄ Europäische Eibe *(Taxus baccata)*, geneigter Stamm, Höhe ca. 60 cm.

► Japanische Eibe *(Taxus cuspidata)*, Sammlung I. Simon, Karkadenform, Länge ca. 100 cm – Auch bei dieser Baumart unterstreicht totes Holz den Eindruck hohen Alters.

## Die richtige Pflege

### Fertig kaufen oder anziehen

Samen der Fichte sammelt man im Herbst und sät diese nach trockener Lagerung im Frühjahr aus. Von den Samen der Eibe entfernt man im Spätsommer das Fruchtfleisch, bewahrt diese dann in feuchtem Sand im Kühlschrank auf und sät sie ebenfalls im Frühjahr aus.

Die verschiedenen Zuchtformen von Fichte und Eibe werden in jeder Baumschule in verschiedenen Altersstufen angeboten. Die meisten lassen sich als Bonsai gestalten.

In Bonsai-Fachbetrieben sind manchmal Findlinge, aus der Natur stammende Pflanzen, zu bekommen.

In der Natur findet man interessante Fichten auch außerhalb des Hochgebirges. Natürlich muss die Erlaubnis des zuständigen Forstamtes vorliegen.

Ausgereifte Bonsai beider Arten werden auch im Bonsai-Fachhandel nur selten angeboten. Wegen des großen Arbeitsaufwandes bei der Gestaltung sind Fichten- und Eiben-Bonsai niemals preiswert.

### Standort

Als Bonsai können Eibe und Fichte im Schatten gehalten werden. Der Zuwachs ist hier allerdings sehr schwach, so dass ein halbschattiger Standort dem schattigen vorzuziehen ist. Dieser sollte luftig, aber vor starkem Wind geschützt sein, damit Trockenschäden vermieden werden.

Wird die Fichte auf einen neuen Platz gestellt, muss man darauf achten, dass der Baum mit derselben Seite zur Sonne steht wie bisher, da sonst ein Sonnenbrand entstehen kann.

► Fichten sollten einige Wochen nach einer ersten Grundgestaltung schattig aufgestellt und langsam an Sonne gewöhnt werden.

### Gießen

Wegen ihrer Salzempfindlichkeit sollte die Fichte möglichst mit Regenwasser gegossen werden. Steht dies nicht zur Verfügung, muss immer so stark gewässert werden, dass ein großer Teil des Gießwassers abfließt und eventuell angereicherte Salze wieder ausgeschwemmt werden. Eiben können ganzjährig mit hartem Leitungswasser gegossen werden. Beide Baumarten sollten immer gut feucht gehalten werden.

### Pflanzerde

Damit keine Staunässe entsteht, verwendet man ein gut durchlässiges Pflanzsubstrat, das alle zwei bis drei Jahre erneuert wird. Eine Mischung aus Akadama, Lava- oder Bimssplitt und Anzuchterde im Volumenverhältnis von 2 : 1 : 1 eignet sich ebenso wie andere gut durchlässige Substrate. Umpflanzen kann man im Frühjahr oder Spätherbst ab Ende August. An heißen Tagen sollte dies allerdings nicht geschehen.

### Düngen

Junge Pflanzen, und solche, die noch am Anfang ihrer Entwicklung stehen, werden ab Austriebsbeginn bis September kräftig mit organischen Bonsaidünger versorgt. Ältere Fichten-Bonsai, die bereits gut entwickelt sind und kürzere Nadeln bilden sollen, kommen mit sehr geringen Düngergaben aus. Der Zuwachs und das Dickenwachstum bleiben dann aber ebenfalls reduziert. Eiben sollten immer gleichmäßig gut gedüngt und bei Verwendung von Regenwasser auch einmal im Jahr mit Kalk versorgt werden.

## Überwintern

Beide europäischen Arten sind sehr winterhart, die asiatischen Verwandten sind etwas empfindlicher. Um eine gleichmäßige Ballenfeuchte auch in der kalten Jahreszeit zu gewährleisten, können sie sicherheitshalber ohne Schale im Garten eingesenkt oder in einer mit einem Torfsandgemisch gefüllten Kiste überwintert werden. Die frischen Austriebe des Frühjahrs sind frostempfindlich und müssen deshalb vor Spätfrost geschützt werden.

## Gestaltung

Bis auf die Besenform sind alle Stilarten möglich. Der natürlichen Wuchsform der Fichte kommt die aufrechte Form am nächsten, während die Eibe auch in der Natur häufig mehrere Stämme ausbildet.

## Rückschnitt

Jungpflanzen schneidet man nicht vor dem dritten Lebensjahr. Das anfangs sehr langsame Wachstum steigert sich später sprunghaft.
Bei gut entwickelten Ästen reifer Bäume wird der Neuaustrieb bei einer Länge von 2–3 cm auf die Hälfte reduziert. Hierbei wird das zu entfernende Stück zwischen zwei Fingern abgedreht oder mit den Fingernägeln abgeknipst. Ältere Äste können im Winter entfernt werden.

## Drahten

Die Äste der Fichte bleiben lange elastisch und lassen sich daher gut mit Draht formen. Die Äste der Eibe sind nur in den ersten Jahren leicht biegsam. Ältere Äste müssen deshalb oft zusätzlich mit Spanndrähten fixiert werden. Fichten müssen immer wieder nachgedrahtet werden, bis der Baum schließlich die gewünschte Form akzeptiert.

## Krankheiten und Schädlinge

**Tierische Schädlinge:** An der Fichte ist die Nadelholzspinnmilbe an den gelblichgrün gesprenkelten, später braun werdenden Nadeln zu erkennen.

◄ Europäische Eibe (*T. baccata*), Sammlung M. Hagen, frei aufrechte Form – Reifere Bäume können eine Zeitlang durch Rückschnitt in Form gehalten werden.

Ananasförmige Verdickungen der Triebspitzen werden durch verschiedene Fichten-Gallläuse verursacht. Diese können durch das Entfernen und Vernichten der Gallen leicht bekämpft werden.
Die Eibe wird hauptsächlich von Schildläusen befallen
**Pilzerkrankungen:** Gelb werdende Nadeln des letzten Austriebes können ein Zeichen für den Befall mit dem Fichtenrostes sein.

◄ Die sich in der ananasförmigen Galle entwickelnde Fichtengallenlaus macht einen Wirtswechsel zur Lärche durch.

◄ Als Zwischenwirt dient dem Fichtenrost die Alpenrose, eine Rhododendronart.

# Expertentipps

1

1a

**1 Findlingen Zeit zur Erholung geben**

Findlinge, besonders solche, die in der Natur unter schwierigen Bedingungen gelebt haben 1, zeigen oft nur ganz außen an den Ästen einige wenige, meist auch noch schwache Nadeln 1a. Bevor man bei einer solchen Pflanzen an eine Gestaltung denkt, muss diese durch schonende Pflege stabilisiert werden, bis auch Nadeln in Stammnähe entstehen und der Austrieb allgemein kräftiger geworden ist. Dies kann drei bis fünf Jahre dauern. Dann können erste Gestaltungsmaßnahmen ohne Gefahr für die Pflanze vorgenommen werden.

**2 Fichten schnell wieder nachdrahten**

Bei gedrahteten Fichten muss der Draht entfernt werden, sobald er zu eng wird. Dies kann relativ lange dauern, bei den Ästen im oberen Kronenbereich manchmal aber auch sehr schnell gehen. Wird eine Ficht entdrahtet, sollte sie so schnell wie möglich wieder neu gedrahtet werden, weil die meisten Äste die gewünschte Position erst nach vielen Jahren beibehalten. Kann dies aus Zeitgründen nicht sofort erfolgen, sollten mindestens die dicks-

2

ten Äste vorübergehend mit Spanndrähten in der gewünschten Position fixiert werden.

**3** **Standort mit Bedacht ändern**

Wird der Standort plötzlich in einen sonnigeren Bereich verlegt oder wird die der Sonne abgewandte Seite plötzlich in Richtung Sonne gedreht, kann dies zum Sonnenbrand führen. Möglicherweise fallen dem ganze Astpartien zum Opfer. Hieran sollte man denken, wenn eine Pflanze aus dem Winterquartier genommen wird oder von einer längeren Ausstellung zurückkommt. Hat eine Ausstellung in einem geschlossenen Raum stattgefunden, vertragen alle hier gewachsenen Pflanzenteile keine Sonne. Dies gilt nicht nur für Fichte und Eibe. Die Fichte reagiert allerdings besonders extrem auf plötzliche Sonneneinstrahlung, so dass dies bei ihr besonders beachtet werden muss.

**4** **Bei älteren Fichtenfindlingen Borke schonen**

Ältere Fichten entwickeln eine sehr reizvolle, feine Borke. Hat man die Gelegenheit eine solche Pflanze zu gestalten, handelt es sich oft um einen Findling, bei dem diese über mehrere Jahrzehnte entstanden ist. Um dieses Meisterwerk der Natur nicht zu beschädigen, sollte man Äste, die eine solche Borke aufweisen, mit Spanndrähten in Form bringen. Allerdings ist es nicht einfach, diese durch Spannen in eine exakte Position zu bekommen und dem Ast eventuell noch eine Bewegung zu geben. Hierzu muss man mit mehreren Spanndrähten arbeiten, die an verschiedenen Stellen der Schale und an benachbarten Ästen fixiert werden. **4a**

**5** **Im Urlaub keine Fichten ausgraben**

Beim Urlaub in den Bergen findet man während einer Wanderung nicht selten Fichten, die durch die hier herrschenden widrigen Umweltbedingungen klein geblieben sind. Diese scheinen wegen ihres hohen Alters besonders geeignet für eine Bonsaigestaltung zu sein. Doch solche Pflanzen sollte man zu dieser Zeit auf keinen Fall ausgraben. Eine alte Fichte lässt sich schon unter normalen Bedingungen nur schwer umpflanzen. Umso schwieriger wird es bei diesen alten Veteranen, die ihre Wurzeln weit verzweigt in den Felsen verankert haben und nur unter deren Verlust von ihrem angestammten Platz entfernt werden können. Ein Erfolg ist nur kurz nach der Schneeschmelze zu erwarten, aber auf felsigem Untergrund auch dann nicht wahrscheinlich. Auch wenn in ganz seltenen Fällen die eine oder andere Pflanze diese Prozedur überlebt haben sollte, rechtfertigt dies nicht den Tod vieler anderer.

4

4a

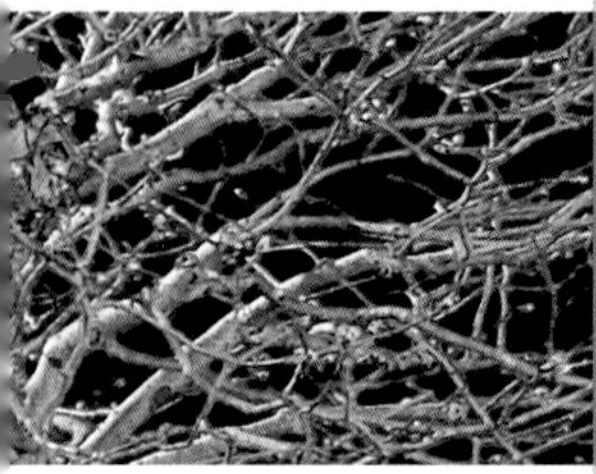

# Ulmen und Verwandte

► Feldulme *(Ulmus minor)*, Sammlung Werner M. Busch, Besenform, ca. 30 Jahre, Höhe ca. 70 cm.

# Ulmen und Verwandte

▲ Die Blüte der Feldulme erscheint Ende des Winters noch vor den Blättern.

Zu dieser Gehölzgruppe zählen Ulmen, Zelkoven und Zürgelbäume. Sie zeichen sich durch eine ausgesprochen feine Aststruktur und die Fähigkeit aus, als Bonsai besonders kleine Blätter zu entwickeln.

Es gibt einige Europäische Arten, von denen insbesondere die Feld-Ulme *(Ulmus minor)* hervorzuheben ist. Ihre Robustheit und Anspruchslosigkeit wird nur noch von der Zelkove oder Japanischen Ulme *(Zelkova serrata)* übertroffen. Einige asiatische Ulmenarten werden auch als Chinesische Ulme für die Wohnung angepriesen, sind aber hier nur bedingt glücklich und leben deshalb als Zimmerbonsai nur in Ausnahmefällen mehrere Jahre.

Die allgemeine Pflege ist bei allen bonsaigeeigneten Gehölzen aus der Ulmenfamilie ähnlich.

Die größten Unterschiede bestehen in der Art der Überwinterung: Während die heimischen Ulmenarten sehr frostresistent sind und nur vor Spätfrösten geschützt werden müssen, sind die Zelkoven, die Zürgelbaum-Arten und auch die so genannten chinesischen Ulmen empfindlicher und müssen deshalb gewissenhaft eingewintert werden.

◄ Feldulme *(Ulmus minor)*, Höhe ca. 50 cm – Entfalten sich die ersten Blätter, sind die Früchte schon reif.

▼ Manche Äste der Feldulme entwickeln starke Korkleisten.

► Zürgelbaum *(Celtis spec.)*, aufrechte Form, Höhe ca. 60 cm – Am Bonsai bleiben die Blätter an fein verzweigten Exemplaren 2–3 cm klein. Der lange glatte Stamm kann im Alter eine feine Borke entwickeln. Ungeschützt sollten Zügelbäume keinen Temperaturen unter –5 °C ausgesetzt werden.

▼ Zelkove *(Zelkova serrata)*, Waldform, Höhe ca. 70 cm – Ein ideales Gehölz für die Waldgestaltung, nicht nur wegen der kleinen Blätter, sondern auch wegen der Herbstfärbung, die bei jedem Baum individuell von Gelb über Orange bis Rot reichen kann. Die sehr feinen Äste nicht zu starkem Frost aussetzen.

Rohlinge der Feldulme und ihrer Verwandten zeigen oft schon vor der Gestaltung eine feine Verzweigung.

Sind zu lange oder überzählige Äste zurückgeschnitten oder entfernt, ist eine klare Kronenstruktur zu erkennen. Entsprechend können auch die Wurzeln reduziert werden.

In der Schale können dann einzelne Äste noch gespannt werden. Bereits nach dem ersten Austreiben der Blätter wirkt die Pflanze relativ ausgereift.

## Die richtige Pflege

### Fertig kaufen oder anziehen

Samen der heimischen Ulmenarten sind meist schon im Mai reif und können sofort ausgesät werden. Samen der asiatischen Arten muss man Spezialversand bestellen.
Junge, auch mehrjährige Exemplare der heimischen Arten findet man am Wegesrand, während die asiatischen Arten nur im Fachhandel zu bekommen sind. Auch ältere Rohpflanzen und Bonsai verschiedener Reifegrade bekommt man im Bonsai-Fachgeschäft.

### Standort

An den Standort werden keine besonderen Ansprüche gestellt. Alle Vertreter vertragen volle Sonne. Trotzdem entwickeln sich die Pflanzen meist schneller an einem halbsonnigen Standort, weil hier die für eine zügige Entwicklung notwendige gleichmäßige Feuchtigkeit des Pflanzsubstrats leichter aufrechterhalten werden kann. Werden die Pflanzen regelmäßig dem Wind ausgesetzt, entwickeln sich sehr robuste Blatter, die Attacken verschiedener Schädlinge selbst abwehren können.

### Gießen

Ulmen mögen höhere Kalkgehalte in der Pflanzerde, so dass man gut ohne Regenwasser auskommt, ja sogar besonders gute Ergebnisse erzielt, wenn die Pflanzen mit hartem Leitungswasser gegossen werden.

### Pflanzerde

Auch an die Pflanzerde werden keine besonderen Ansprüche gestellt. Wichtig ist eine gute Durchlässigkeit für überschüssiges Wasser. Die Erde kann zum Beispiel aus handelsüblicher Kulturerde, Akadam und Lava- oder Bimssplitt (Körnung 2–5 mm) im Verhältnis 1 : 1 : 1 bestehen.
Aber auch andere Mischungsverhältnisse wurden gut vertragen. Alle zwei bis drei Jahre sollte die Erde ausgewechselt werden.

## Düngen

Nur bei regelmäßiger und ausreichender Nährstoffversorgung ist auch eine zufriedenstellende Entwicklung der Feinverzweigung zu erwarten. Man verwendet festen Bonsai-Dünger wie Biogold. Beginnt man direkt im Frühjahr mit dem Sprießen der ersten Blätter, kann nach dem ersten Rückschnitt oder dem ersten Pinzieren bereits innerhalb der folgenden zwei Wochen der nächste Austrieb erwartet werden.

◄ Innerhalb von 14 Tagen nach jedem Rückschnitt treiben die meisten Ulmen neu aus. Es ist deshalb nicht leicht, die Krone so exakt und transparent zu halten.

## Überwintern

Überwintert wird entweder im Garten, indem der Ballen ohne Schale in die Erde eingesenkt wird, oder auf dem Balkon in einer mit Torf und Sand gefüllten Kiste.
Gehen die Temperaturen über mehrere Tage bzw. Nächte unter –7 °C, sollten Zelkoven, Zürgelbaum und Chinesische Ulmen zusätzlich mit Folie (nur im Schatten), Laub oder Tannenzweigen abgedeckt werden.

## Gestaltung

Ulmen werden entweder in der Besenform oder der frei aufrechten Form gestaltet. Bei der Zelkove bevorzugt man die Besenform, während Zürgelbäume fast nur in der frei aufrechten Form zu finden sind.
Neben diesen traditionellen Gestaltungen sind aber auch die anderen Stilarten möglich.

◄ Solange der Schnee die Äste schützt, entstehen bei der Feldulme keine Winterschäden.

## Rückschnitt

Um bei bereits gestalteten Bäumen einen guten Start ins Jahr zu gewährleisten, lässt man den ersten Austrieb im Frühjahr relativ lang werden: Bei jungen Bäumen ca. 10 cm und bei älteren Bäumen ca. 5 cm. Dann schneidet man stark, auf zwei bis fünf Blätter, zurück. Alte Solitäre können auch schon jetzt pinziert werden. Der nach etwa zwei Wochen erscheinende Neuaustrieb kann dann schon ab 5 cm Länge geschnitten oder bei reiferen Bonsai pinziert werden. Dadurch bleiben die äußeren Äste dünn und die Verzweigung wird besonders fein. Ab Juli wird nur noch pinziert.

## Drahten

Diese Gehölzgruppe lässt sich auch durch gezielten Rückschnitt gestalten, so dass auf das Drahten verzichtet werden kann. Soll trotzdem gedrahtet werden, muss man besonders darauf achten, dass der Draht keine Spuren auf der Rinde hinterlässt, wenn er zu eng wird.

## Krankheiten und Schädlinge

Die einzigen Schädlinge von Bedeutung sind die Spinnmilben. Diese besiedeln besonders gerne die heimischen Ulmenarten und die chinesischen Ulmen. Die Zelkove hat keinen Schädling, der erwähnenswert ist. Den Großen Ulmensplintkäfer findet man an Bonsai nur in seltenen Ausnahmefällen. Er frisst an Ulmen und infiziert diese dabei mit einem Pilz, der die Leitungsbahnen verstopft, sodass ganze Äste, später auch komplette Bäume absterben.

# Expertentipps

**1 Wie fördert man die Feinverzweigung?**
Ulmen und Zelkoven sind sehr frohwüchsig und bilden im inneren Kronenbereich auch an älteren Ästen neue Knospen. Damit können sie auch neue Äste entwickeln, welche die Gesamtverzweigung ergänzen können. Die Fähigkeit, eine außergewöhnlich feine Verzweigung zu entwickeln, wird dadurch limitiert, dass sich ab einer bestimmten Verzweigungsdichte die Blätter gegenseitig überlappen und das Licht wegnehmen. Besonders die feinen, im Inneren der Krone entstehenden Äste werden dadurch in ihrer Entwicklung unterbrochen. Entfernt man die Blätter der Astspitzen, also die äußeren Blätter der Krone, kann auf die verbliebenen wieder mehr Licht fallen und sie können sich weiter entwickeln.
Das Entfernen der Blätter kann auch nur teilweise erfolgen. Dies kann etwa zehn Tage nach dem Pinzieren des ersten Austriebs im Frühjahr erfolgen und auch mehrmals durchgeführt werden, allerdings nur bis Ende Juni.

**2 Lange Frostperioden**
Die feinen Äste der Ulmen und Zelkoven, die im Freien überwintert werden, können bei starkem, anhaltendem Frost vertrocknen. Ähnlich dem Gefrierbrand in der Tiefkühltruhe entstehen im Winter Trockenschäden, wenn die Pflanze eingefroren ist. Dann kann an den Stellen, an denen eine Verdunstung stattfindet, kein Wasser nachgeliefert werden. Besonders feine Strukturen, wie die Feinverzweigung von Ulmen, sind gefährdet. Deshalb schützt man sie vor weiterer Verdunstung,

1

2

3

indem die Äste mit Wasser eingesprüht werden. Hierdurch legt sich ein schützender Eisfilm um die Verzweigung. Dieser verdunstet aber ebenfalls und muss, wenn die Frostperiode länger anhält, regelmäßig (alle ein bis zwei Tage) erneuert werden.

### 3 Verbesserung des Wurzelansatzes

Ein exakter Wurzelansatz aus nicht zu dicken, zahlreichen Wurzeln ist für eine gute Bonsai-Ulme wichtig. Ist dieser nicht optimal entwickelt, lässt sich bei dieser Gehölzgruppe durch Abmoosen leicht ein neuer Wurzelansatz entwickeln. Dazu entfernt man im Frühjahr, noch bevor die Blätter austreiben, an der Stelle, an der die neuen Wurzeln wachsen sollen, einen Rindenring von 1–2 cm Breite. Diese Stelle wird dann mit einer dicken Schicht Sphagnum-Moos, das man im Bonsaifachhandel bekommt, bedeckt. Über das Moos bindet man eine Folie, wodurch die Verdunstung gehemmt wird. Das Moos muss nun gleichmäßig feucht gehalten werden. Nach etwa sechs Wochen beginnen die neuen Wurzeln zu wachsen. Wenn sie kräftig genug sind, kann die Pflanze unterhalb der neuen Wurzeln abgeschnitten werden. Der neue Wurzel ansatz besteht nun aus vielen sehr dünnen Wurzeln. Meistens kann die Hälfte wieder entfernt werden, die verbliebenen werden dann schnell kräftiger. Sie sollten frühzeitig sortiert und akkurat in die gewünschten Richtungen gelegt werden.

### 4 Vermehrung über Stecklinge

Ulmen und ihre Verwandten lassen sich leicht durch Stecklinge vermehren. Frisch geschnittene Aststücke, die bereits zu verholzen beginnen, werden in der Zeit von Mai bis Juni in nährstoffarme Erde gesteckt und gegossen. Man deckt sie mit Folie ab und stellt sie hell, aber vor direkter Sonne geschützt, auf. Sobald die Spitzen wachsen, beginnen sich auch schon Wurzeln zu bilden. Die Folie kann dann nach und nach entfernt werden. Ulmen in größeren Mengen zu vermehren, macht zum Beispiel dann Sinn, wenn mit den neuen Pflanzen jedes Jahr eine Waldgestaltung ergänzt werden soll. Man pflanzt die bewurzelten Stecklinge im Frühjahr immer außen an den Rande des Wäldchens. Dieses erhält dadurch, dass viele Bäume unterschiedlichen Alters den Wald bilden, eine besonders natürliche Ausstrahlung. Allerdings wird regelmäßig eine größere Schale notwendig.

4

# Buchen und Verwandte

► Kerbbuche *(Fagus crenata)*, Sammlung G. Wolf, aufrechte Form, Alter ca. 40 Jahre, Höhe ca. 70 cm.

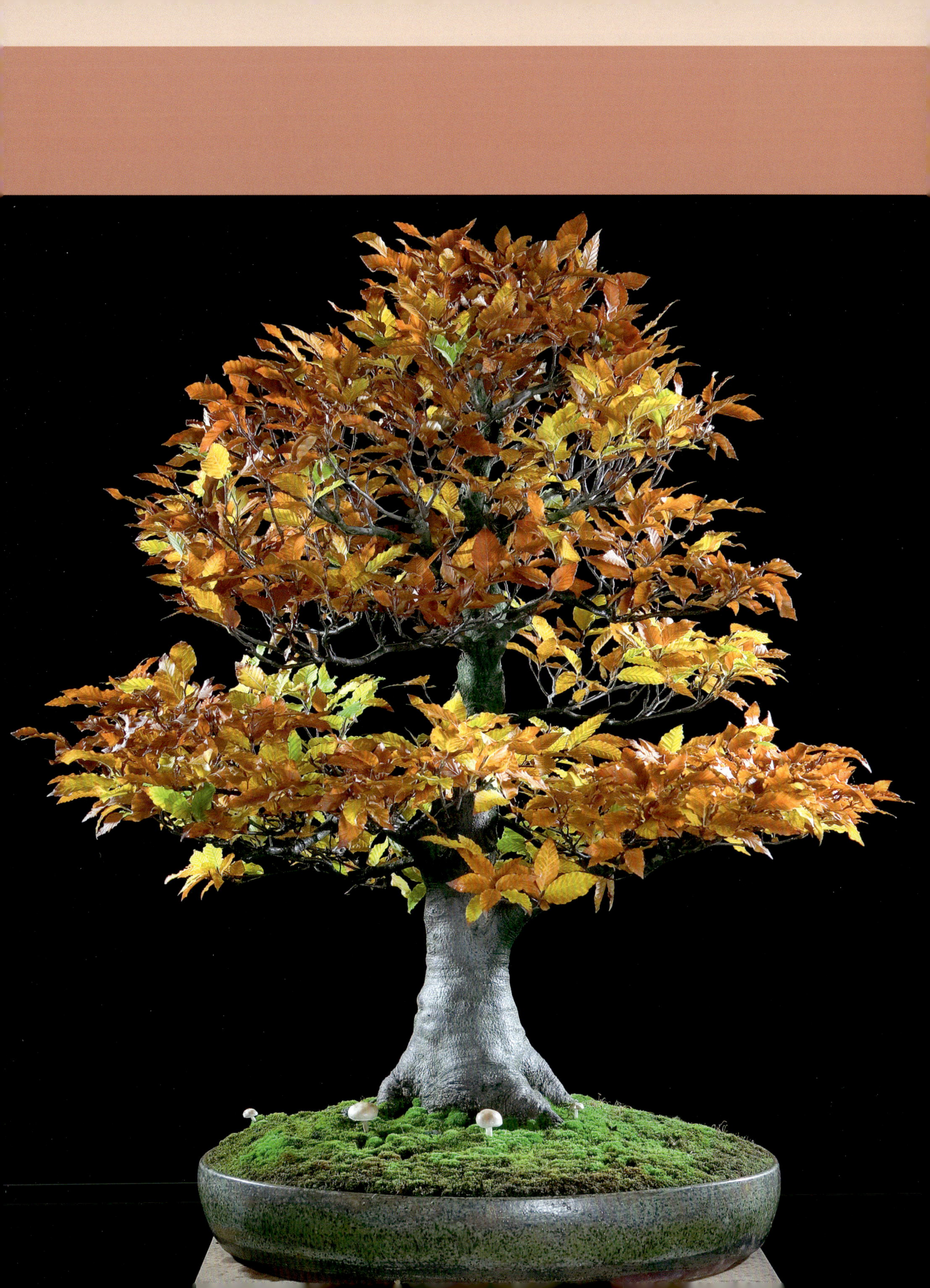

# Buchen und Verwandte

► Die rotlaubige Variante der Rotbuche wird Blutbuche genannt. Beide benötigen für eine befriedigende Entwicklung große Düngergaben.

▼ Rotbuche *(Fagus sylvatica)*, windgepeitschte Form, Höhe ca. 70 cm – Im Herbst entwickelt die Rotbuche goldgelbes Laub.

In der Verwandtschaft der Buchen finden wir einige der wichtigsten Waldbäume Mitteleuropas, nämlich die Rotbuche *(Fagus sylvatica)*, die Blutbuche *(Fagus sylvatica* var. *purpurea)* und die verschiedenen Eichen *(Quercus)*. Sie sind zugleich kulturell wie mythologisch von herausragender Bedeutung. Die Rotbuche ist der wichtigste waldbildende Baum Mitteleuropas und die Eiche hat unter bestimmten geologischen und klimatischen Voraussetzungen eine entsprechend dominante Stellung.

Die Kerbbuche *(Fagus crenata)*, die asiatische Entsprechung der europäischen Rotbuche, ist dieser sehr ähnlich und ebenso wie diese zu pflegen.

Obwohl alle Vertreter dieser Gruppe auch als Bonsai verhältnismäßig große Blätter entwickeln, werden sie wegen ihrer ausgeprägten Beziehung zum Menschen sehr häufig verwendet. Eine Ausnahme macht die Esskastanie *(Castanea sativa)*, die ebenfalls in diese Gruppe fällt. Sie wird wegen ihrer besonders großen Blätter nur sehr selten als Bonsai verwendet.

Alle Arten sind leicht zu halten und lassen sich ohne besondere Probleme als Bonsai gestalten. Deshalb sollten sie auch in keiner Bonsai-Sammlung fehlen.

► Kerbbuche *(Fagus crenata)*, aufrechte Form, Höhe ca. 90 cm – Besonders charakteristisch ist der silbrige Stamm der Kerbbuche. Die Blätter ähneln denen der Rotbuche, sind aber etwas kleiner. Wie die Rotbuche verbrauchen auch Kerbbuchen bei warmem Wetter große Mengen Wasser, um sich abzukühlen.

▼ Kerbbuchen als Bonsaiwald, Sammlung H. Lehner, Höhe ca. 80 cm – Wird das Blätterdach wie hier transparent gehalten, können die Äste und ihre feine Verzweigungen auch im Sommer das hohe Alter der Gestaltung optisch unterstreichen.

► Erst kurz vor dem Austrieb der neuen Blätter im Frühjahr werden die Blätter des Vorjahres abgeworfen.

▼ Traubeneiche *(Quercus petraea)*, Doppelstamm, Höhe ca. 80 cm –Traubeneiche und Stieleiche *(Quercus robur)* entwickeln im Alter auch als Bonsai eine grobe Borke. Starke Düngung fördert eine schnelle Entwicklung. Als Standort kann ein sonniger Platz gewählt werden. Das Laub bleibt auch in braunem Zustand den Winter über am Baum.

▲ Eicheln entstehen auch an der Bonsai-Eiche.

► Korkeiche *(Quercus suber)*, aufrechte Form, Höhe ca. 70 cm – Wie die Steineiche *(Quercus ilex)* ist die Korkeiche in Südeuropa beheimatet und immergrün. Im Winter sollten beide frostfrei gehalten werden. Die relativ kleinen Blätter sorgen für harmonische Proportionen. Auch die Bonsai-Korkeiche entwickelt am Stamm und alten Ästen eine dicke Korkschicht.

◄ Esskastanie *(Castanea sativa)*, im Aufbau, Höhe ca. 40 cm – Kastanien werden nur selten als Bonsai gestaltet. Wegen der großen Blätter sollte eine Höhe über 50 cm angestrebt werden. Wie Eichen sollten sie keinen Temperaturen unter –5°C ausgesetzt werden.

## Die richtige Pflege

**Fertig kaufen oder anziehen**
Samen sammelt man im Herbst, legt diese in feuchten Sand und bewahrt sie bis zum Frühjahr im Kühlschrank auf.
In guten Bonsai-Fachbetrieben werden Rotbuchen, Blut- und Kerbbuchen ebenso wie die verschiedenen Eichen in großer Auswahl angeboten. Es finden sich Rohpflanzen und fein durchgearbeitete Bonsai.

**Standort**
Rotbuche, Blutbuche und Kerbbuche bevorzugen einen halbschattigen Standort, der von der Mittagssonne verschont bleibt. Auch starkem Wind sollten sie nicht ausgesetzt sein, weil sie sonst zu schnell austrocknen. Die Eichen können dagegen volle Sonne und hartes Wetter gut vertragen.

**Gießen**
Da Rotbuche, Blutbuche und Kerbbuche salzempfindlich sind, verwendet man bei diesen zum Gießen Regenwasser oder anderes salzarmes Wasser. Steht nur Leitungswasser zur Verfügung, muss so stark gegossen werden, dass ein großer Teil des Gießwassers wieder abläuft und dadurch eventuell bereits angereicherte Salze wieder ausgeschwemmt werden.

Das braune Herbstlaub bleibt auch bei Buchen als Sonnenschutz den Winter über am Baum hängen.

**Düngen**
Buchen sollten ebenso wie Eichen stark gedüngt werden. Man beginnt im Frühjahr, sobald die ersten Blätter sich voll entfaltet haben. Wegen der Salzempfindlichkeit der Buchen sollten diese hauptsächlich mit organischem Dünger, etwa Biogold, versorgt werden. Der Dünger sollte einen relativ hohen Kaliumanteil enthalten. Eine Kalkdüngung zu Beginn des Jahres ist dann erforderlich wenn hauptsächlich mit Regenwasser gewässert wird.

**Pflanzerde**
Als Pflanzerde kann ein Gemisch aus japanischem Lehmgranulat, Lava- oder Bimssplitt und Anzuchterde im Volumenverhältnis von 2 : 1 : 2 verwendet werden. Andere Mischungen werden auch gut vertragen.
Buchen und Eichen sollten alle zwei bis drei Jahre, am besten im Frühjahr bei gleichzeitigem Wurzelschnitt, umgepflanzt werden. Eichen speichern sehr viele Reserven in den Wurzeln, deshalb sollte man diese nur im Frühjahr umpflanzen, um eine gute Überwinterung zu gewährleisten.

**Überwintern**
Überwintert wird im Garten, indem der Ballen an schattiger Stelle ohne Schale eingegraben wird, oder auf dem Balkon in einer mit Torf und Sand gefüllten Kiste. Während längerer Frostperioden mit Temperaturen unter – 10 °C sollten die Pflanzen zusätzlich mit Zweigen, Stroh oder Folie abgedeckt werden.
Buchen und Eichen sind, sobald sie im Frühjahr auszutreiben beginnen, vor Spätfrost zu schützen.

**Gestaltung**
Der natürlichen Wuchsform von Buche und Eiche entspricht bei den Bonsai-Stilarten am

besten die aufrechte Form. An extremen Standorten entwickelt die Eiche in der Natur aber auch Formen, die der Kaskadenform ähneln. Auch Doppel und Mehrfachstämme sind sehr reizvoll.
Die Erstgestaltung eines Findlings oder einer Rohpflanze wird am besten in der Zeit zwischen dem Einsetzen der Herbstfärbung und Ende Juni durchgeführt.

### Rückschnitt

Sämlinge der Eiche schneidet man bereits im Frühjahr des zweiten Lebensjahres die Pfahlwurzel zurück. Die Äste aller Buchenverwandten werden dagegen vor dem Austrieb im Frühjahr des dritten Jahres erstmals zurückgeschnitten.
Frisch gestaltete Buchen und Eichen schneidet man im Frühjahr, sobald der erste Austrieb sich voll entwickelt hat, bis auf ein bis drei Blätter zurück.
Reifere Bonsai schneidet man bereits, wenn die neuen Blätter noch in der Entwicklung sind. Auch hier lässt man nur ein oder zwei Blätter stehen. Innerhalb von etwa drei Wochen nach dem ersten Rückschnitt treibt die Rotbuche, die Eiche oft schon nach zwei Wochen, erneut aus. Dieser Austrieb kann dann pinziert werden. Da die am Baum verbliebenen Blätter nun sehr groß werden, kann nach zwei Wochen ein Blattschnitt erfolgen, sofern der Baum gesund ist und gut gedüngt wurde. Vorsicht, ohne Laub vertragen Buchen und Eichen keine direkte Sonne – also bis zum nächsten Austrieb schattig aufstellen.
Möchte man im Zuge der Erstgestaltung einer Rohpflanze oder der Umgestaltung eines Bonsai einen kräftigen Ast entfernen, sollte dies immer im Frühjahr kurz vor dem Austreiben der Blätter erfolgen. Die Schnittstelle wird mit einem Wundverschlussmittel versorgt.

### Drahten

Das Drahten erfordert bei der Rotbuche sehr viel Fingerspitzengefühl, da die Rinde leicht verletzt wird und sehr eng anliegende Drähte schnell bleibende Spuren hinterlassen. Die Rinde der Eichen ist etwas robuster. Bei allen Buchenverwandten erfolgt im Juni, in einer Pause des Triebwachstums, ein plötzliches Dickenwachstum, so dass Drähte, die man nur wenige Tage aus den Augen gelassen hat, einwachsen können.

◄ Flaumeiche *(Quercus pubescens)*, Sammlung M. v. Eick, frei aufrechte Form, Höhe ca. 80 cm, Bild im Hintergrund U. Claassen – Ein sonniger Platz im Sommer und eine frostfreie Überwinterung lassen sie mehrere 100 Jahre alt werden.

### Krankheiten und Schädlinge

Der wichtigste Schädling bei Rotbuchen und Blutbuchen ist die Buchenschmierlaus *(Phyllaphis fagi)*, bei Eichen der Echte Mehltau. Beide müssen bekämpft werden (siehe Seite 136 ff. unter: Spezielle Schädlinge), um eine befriedigende Entwicklung des Bonsai zu gewährleisten. Andere Lebewesen, die von oder auf den Buchenverwandten leben, kann man in der Regel ignorieren, da sie keinen großen Einfluss auf die Entwicklung der Gehölze haben.

◄ In diesem Stadium wird der Neuaustrieb im Frühjahr auf ein oder zwei Blätter zurückgenommen.

▼ Drähte müssen wegen der empfindlichen Rinde der Rotbuche sehr vorsichtig angelegt werden.

# Expertentipps

**1** Buchen gibt es in einigen attraktiven Zuchtformen, deren Blattform nicht mehr an die einer gewöhnlichen Buche erinnert. Es sind eichblattförmige oder auch lanzettliche Blätter bekannt. Auch Pflanzen mit zweifarbigen Blättern sind als Bonsai sehr reizvoll. Leider werden diese Sorten nur selten im Bonsai-Fachhandel angeboten, weshalb man sich am besten in Baumschulen nach geeigneten Ausgangspflanzen umschaut. Allerdings sind diese in der Regel veredelt, und der Übergang von Unterlage zu Edelreis ist nicht gleichmäßig. Durch Abmoosen können solche Fehler beseitigt werden. Der Baum erhält durch diese Technik neue Wurzeln, und man kann das Stammstück mit der unschönen Veredelungsstelle abschneiden. So kann man auch bei Zuchtformen makellose Stämme entwickeln.

1

## 2 Kalium-Düngung bei Buchen

Der allgemeine Nährstoffbedarf von Buchen und Eichen darf nicht unterschätzt werden. Der verabreichte Dünger muss die Nährstoffe aber in einem ausgeglichenen Verhältnis enthalten. Ist beispielsweise der Stickstofffanteil zu hoch, dann wächst die Pflanze zu schnell, wodurch die Triebe besonders empfindlich werden. Die im Sommer oft auftretenden braunen Blattränder können wiederum ein Zeichen von Kaliummangel sein. Kalium kann als Mineraldünger (Kalisalpeter) vorsichtig nachgedüngt werden. Dieser preiswerte Dünger eignet sich auch als Herbstdünger.

## 3 Größere Schalen an sonnige Standorte

Rotbuchen, Blutbuchen und Kerbbuchen vertragen keine große Hitze. Dies macht sich besonders dann bemerkbar, wenn im Hochsommer die Pflanzen von der Sonne direkt bestrahlt werden. Steht nicht genügend Wasser zur Verfügung, so dass die Blätter durch Verdunstung abgekühlt werden, können diese überhitzen und innerhalb von Stunden eintrocknen.

Da an weniger heißen Tagen stundenweise Sonneneinstrahlung durchaus zur Verbesserung der Verzweigung beitragen kann, ist es nicht unbedingt sinnvoll, den Buchenbonsai im Schatten aufzustellen. Besser wäre es, ihm eine so große Schale zu geben, dass das Wasser auch an wärmeren Tagen so lange ausreicht, bis man wieder gießen kann. Vollsonnige Standorte können im Sommer auch mit einem Schattennetz überspannt werden.

**4 Luftiger Standort gegen Mehltau**

Eichen werden als Bonsai regelmäßig vom Echten Mehltau befallen. Weil Eichen Bestandteil unserer Wälder sind, und sie auch manchmal in Parks und an Straßenrändern angepflanzt werden, kann man den jährlich wiederkehrenden Ansturm von Mehltausporen, die sich auf den großen Bäumen der Umgebung entwickelt haben, nicht verhindern. Allerdings kann man der Pflanze helfen, das Eindringen des Pilzes selbst abzuwehren. An luftigen oder sogar windigen Standorten werden die Blätter härter ausgebildet als an geschützten Plätzen. Auch Blätter, die nicht von anderen beschattet werden, können Pilzsporen widerstehen. Eichen deshalb möglichst an wetterexponierten Plätzen aufstellen und die Krone nicht zu dicht werden lassen, so dass jedes Blatt entsprechende Abwehrmechanismen entwickeln kann.

**5 Unterschiedliche Wuchskraft ausgleichen**

Bei Buchen und Eichen ist die Dominanz der im oberen Kronenbereich wachsenden Äste besonders stark entwickelt. Das hat zur Folge, dass diese Äste im Laufe einer Vegetationsperiode mehr Knospen entwickeln, austreiben und auch schneller wachsen. Dadruch wird gleichzeitig der Austrieb der unteren Äste gehemmt. Um zu verhindern, dass diese verkümmern und auf Dauer sogar absterben, schneidet man die Äste des oberen Kronendrittels immer stärker zurück als die übrigen. Dies kann im laublosen Zustand, also im Frühjahr vor dem Austreiben der Blätter, besonders gut durchgeführt werden. Man schneidet in der Spitze auch starke Verzweigungen so zurück, dass der Baum danach überall gleichmäßig verzweigt ist.

3

**6 Kleinere Blätter durch Blattschnitt**

Die verhältnismäßig großen Blätter von Buchen und Eichen werden bei als Bonsai gestalteten Bäumen, wie bei anderen Arten auch, mit zunehmender Verzweigung immer kleiner. Eine ähnlich starke und schnelle Blattverkleinerung wie bei den Ulmenverwandten ist hier aber nicht zu erreichen. Durch einen Blattschnitt kann man allerdings die Zunahme der Verzweigung beschleunigen. Dafür entfernt man die ersten Blätter des Frühjahres ohne die Knospen zu beschädigen, die immer dort sitzen, wo ein Blatt steht. Das macht man etwa zwei bis drei Wochen, nachdem sich die ersten Blätter gebildet haben. Die Knospen entwickeln sich dann innerhalb von vierzehn Tagen zu neuen Ästen, an welchen dann auch deutlich kleinere Blätter entstehen.

4

# Birken und Verwandte

► Hainbuche *(Carpinus betulus)*, Sammlung M. van Eick, Doppelstamm, Höhe ca. 80 cm.

# Birken und Verwandte

Die Gehölze dieser Gruppe werden ebenso wie die Buchenverwandtschaft nicht wegen ihrer schönen Blüten oder Früchte als Bonsai gehalten, sondern wegen ihrer interessanten Form und ihrer Beliebtheit als Vertreter unserer Natur. Die weißstämmigen Birken *(Betula)* sind die Bäume, die auch ein botanisch nicht interessierter Mensch auf Anhieb benennen kann. Auch die Haselnuss *(Coryllus avellana)* ist ein wegen ihrer Frucht sehr bekanntes Gehölz. Die Schwarzerle *(Alnus glutinosa)* ist wegen ihrer Silhouette, die der eines Nadelbaumes ähnelt, interessant und häufig an Bachläufen anzutreffen. Die Hainbuche hat neben ihrem Vorkommen in der Natur auch im Siedlungsbereich des Menschen als Heckenpflanze einen festen Platz.

Eindrucksvolle Bonsai lassen sich besonders aus der Hainbuche *(Carpinus betulus)* und der Birke gestalten. Die Erle und die Haselnuss sind weniger von Bedeutung, aber dennoch in Bonsai-Sammlungen regelmäßig anzutreffen. Die Ansprüche der Gehölze dieser Gruppe sind sehr unterschiedlich.

▼ Sandbirke *(Betula pendula)*, Höhe ca. 80 cm – Der weiße Stamm, das Markenzeichen der Birken, entsteht durch starke Sonneneinstrahlung auf den Stamm.

Während die Hainbuche sehr willig auf Eingriffe reagiert und sich schnell, oft hat man den Eindruck fast von selber, zu einem schönen Bonsai entwickelt, ist der Birken-Bonsai nicht unproblematisch, da die Pflanze nicht sehr schnittverträglich ist. Werden Schnittstellen nicht sorgfältig verschlossen, entstehen leicht, auch noch nach längerer Zeit, Infektionen, die zum Absterben des entsprechenden Astes führen. Wird dies jedoch beachtet, sind Birken relativ anspruchslos.

◄ Moorbirke *(Betula pubescens)*, Höhe ca. 80 cm (Bild S. 100 rechts) – Die Moorbirke unterscheidet sich durch die Behaarung der jungen Triebe und Blätter von der Sandbirke.

▲ Haselnuss *(Corylus avellana)*, aufrechte Form – Die Haselnuss, die auch mit rotem Laub vorkommen kann, benötigt Regenwasser und reichlich organischen Dünger, um als Bonsai gesund zu bleiben.

◄ Schwarzerle *(Alnus glutinosa)*, Sammlung H. Kastner, aufrechte Form, Höhe ca. 50 cm – Die Schwarzerle verträgt keine, auch nur kurzfristige Trockenheit. An heißen Tagen sollte sie schattig oder In elnem mlt Wasser gefüllten Tablett aufgestellt werden.

▲ Die geflügelten Früchte der Hainbuche entwickeln sich auch an alten Bonsai.

◄ Hainbuche *(Carpinus betulus)*, Sammlung J. Stodt, aufrechte Form, Höhe ca. 70 cm – Die Hainbuche zählt zu den beliebtesten heimischen Laubbäumen, die als Bonsai gestaltet werden.

► Hainbuche als Floßform, Sammlung M. v. Eick – Die Blätter der Hainbuche leiden oft unter starker Sonne. Ein halbschattiger Platz im Sommer und ausreichende Düngung helfen, diese bis zur Herbstfärbung ansehnlich zu halten.

◄ Koreanische Hainbuche *(Carpinus turczaninovii)*, aufrechte Form, Höhe ca. 40 cm – Diese Hainbuche bildet deutlich kleinere Blätter als die heimische Art, und die Herbstfärbung variiert von Orange bis Dunkelrot. Der Stamm kann im Alter eine feine Borke entwickeln.

► Koreanische Hainbuche *(Carpinus turczaninovii)*, Sammlung U. Claassen, Mehrfachstamm, Höhe ca. 80 cm – Wie andere Hainbuchen entwickelt auch diese Art, wenn sie regelmäßig zurückgeschnitten und die Krone transparent gehalten wird, nach Jahren eine feine, filigrane Verzweigung.

► Sandbirke (*Betula pendula*), ca. 90 cm. Auch in der Natur fällt dieser Baum durch seine hängenden Ast-Enden auf.

## Die richtige Pflege

### Fertig kaufen oder anziehen

Samen sammelt man im Herbst, Birken und Erlensamen kann man trocken lagern, die Samen der Hainbuche sowie Haselnüsse lagert man den Winter über in feuchtem Sand im Kühlschrank. Im Frühjahr wird ausgesät. Einjährige Birkensämlinge findet man in fast jedem Blumenkasten.
Zwei- bis fünfjährige Jungpflanzen werden auch im Bonsai-Fachhandel angeboten. Auch ältere vorgestaltete Rohpflanzen stehen hier zum Verkauf.

### Standort

Hainbuchen und Haselnussbäume sind an einem halbsonnigen Platz, der nicht windstill sein sollte, am besten aufgehoben. Birken und Erlen möchten dagegen vollsonnig aufgestellt werden., allerdings darf sich der Standort nicht über 40 °C aufheizen.

### Gießen

Alle vier Baumarten sind relativ salzempfindlich, was reichliche Wassergaben, möglichst Regenwasser, notwendig macht. Kurzzeitige Trockenheit wird nur von der Hainbuche toleriert. Birke und Hasel reagieren schnell mit Blattabwurf und bei der Erle sterben komplette Äste ab, wenn auch nur kurzzeitig nicht genügend gewässert wird.

▼ Jungpflanzen der Hainbuche (zwei-, drei- und vierjährig) werden im Fachhandel angeboten.

### Pflanzerde

An das Pflanzsubstrat werden keine besonderen Ansprüche gestellt, sofern das überschüssige Gießwasser gut ablaufen kann. Die Pflanzerde wird alle zwei bis drei Jahre mit gleichzeitigem Wurzelschnitt erneuert. Wegen der anschließenden Frostempfindlichkeit sollten Arbeiten an der Wurzel im Frühjahr vor dem beginnenden Austrieb erfolgen.

### Düngen

Birkenverwandte können große Düngermengen vertragen, die in organischer Form verabreicht werden sollten. Ab Austriebbeginn bis Anfang August kann vierzehntägig Biogold oder anderer fester Bonsai-Dünger gegeben werden.

### Überwintern

Haben die Bäume im Herbst das Laub abgeworfen, sind die heimischen Arten sehr frostfest. Zur Sicherheit überwintert man sie aber ebenso wie die asiatischen, empfindlicheren Hainbuchenarten ein. Alle Gehölze der Gruppe treiben sehr früh aus und sind deshalb vor Spätfrösten zu schützen.

### Gestaltung

Junge Äste lassen sich leicht drahten, ältere Äste von Birke und Hasel vertragen das Drahten oft nicht und reagieren mit Kümmerwuchs. Deshalb sollte eine Gestaltung mit Draht möglichst frühzeitig erfolgen.

### Rückschnitt

Sämlingen schneidet man die Wurzeln im Frühjahr des zweiten Jahres vor dem Austreiben der Blätter zurück. Später wird die Wurzel nur noch geschnitten, wenn die Erde gewechselt werden muss.
Den oberirdischen Teil der Sämlinge schneidet man zum ersten Mal im Frühjahr des dritten Jahres. Man kürzt den Stamm so ein, dass ein Seitenast zur Stammverlängerung wird. (Bild).
Rohpflanzen und Findlinge gestaltet man am besten im Frühjahr, weil dann große Schnittstellen am besten zuwachsen.
Bei bereits gestalteten Bäumen werden im Frühjahr die letzten Austriebe des Vorjahres auf ein bis drei Knospen zurückgeschnitten, bevor die neuen Blätter erscheinen.
Der Neuaustrieb wird bei jüngeren Pflanzen zum erstenmal bei einer Länge zwischen 20 und 30 cm zurückgeschnitten. Ältere, bereits gut entwickelte Exemplare schneidet man, nachdem sich fünf Blätter gebildet haben, auf zwei oder drei zurück oder pinziert nach dem Erscheinen des zweiten Blattes (Bild).
Nach jedem Rückschnitt treiben die Birkenverwandten neu. Ab August den Neuaustrieb nur noch pinzieren, um einen Austriebsstopp zu erreichen!

### Drahten

Birken drahtet man nur während der Vegetationsperiode ab Austriebsbeginn. Im Winter gedrahtete Äste sterben häufig im Frühjahr ab.

◄ Die Haselnuss wird nur sehr selten in der Literatenform gestaltet.

Hainbuche, Haselnuss und Erle kann man auch im Winter drahten, ohne dass Schäden zu befürchten sind.
Ein- und zweijährige Zweige und ältere Äste bis Bleistiftdicke lassen sich noch drahten, ohne Spuren auf der Rinde zu hinterlassen. Ältere Äste werden gespannt.

### Krankheiten und Schädlinge

**Tierische Schädlinge:** Birkengewächse beherbergen einige Parasiten, von denen allerdings nur wenige das Leben der betroffenen Gehölze bedrohen. Die meisten tierischen Schädlinge lassen sich leicht durch das Entfernen befallener Blätter reduzieren.
**Pilzerkrankungen:** Der Birkenrost, der gelbe bis orange Pusteln auf der Blattunterseite bildet, der Mehltau, der sich durch einen weißen Belag auf den Blättern zeigt, sowie Pilze, die braune bis schwarze Flecken auf den Blätter hinterlassen, werden nur unregelmäßig beobachtet.

▼ Schneidet man schon Jungpflanzen (oben) stark zurück und bildet die Stammverlängerung aus einem Seitentrieb (unten), entwickelt sich eine vorbildliche Stammverjüngung.

# Expertentipps

**1 Wie wird der Birkenstamm weiß?**
Typisches Erkennungszeichen für eine Birke ist der weiße Stamm. Auch beim Birkenbonsai ist ein weißer Stamm ein Muss. In der Natur reflektiert am weißen Stamm das Sonnenlicht, das leicht durch die immer lichte Birkenkrone dringen kann. Hierdurch wird dieser nicht so heiss. Birken, die als Sämling in Pflege genommen und seitdem in einer Schale kultiviert werden, entwickeln allerdings meist einen schwarzen Stamm. Der weiße Stamm wird nur bei kräftigem Wachstum und Sonneneinwirkung auf den Stamm gebildet. Deshalb sollten in den ersten Jahren ein relativ großes Gefäß und reichlich Dünger Verwendung finden. Außerdem darf die Krone nicht so dicht werden, dass nur noch wenig Sonne auf den Stamm fällt.

1

2

**2 Wundverschluss nicht vergessen**
Birke, Hasel und Erle, die als Bonsai gestaltet werden, verschließen Schnittstellen nicht so leicht wie andere Laubbäume. Dadurch infizieren sie sich schnell mit Pilzen und Fäulnisbakterien, so dass immer wieder ganze Äste absterben, wenn die Wunden nicht gewissenhaft versorgt werden. Diese Bäume sollten möglichst im Frühjahr gestaltet werden. Es ist ratsam, vor jedem Schnitt das Werkzeug zu desinfizieren und alle Wunden, auch kleinere, mit einer Wundpaste zu verschließen.

2a

2a Hainbuchen entwickeln dagegen auch als Bonsai einen kräftigen Wundkallus. Um einen unauffälligen Wundverschluss zum erreichen, schneidet man größere Schnittstellen, von im Herbst oder Winter gestalteten Hainbuchen im Frühjahr noch einmal nach und bedeckt sie mit Wundpaste.

**3 Schattennetze gegen intensive Sonne**

Wird der Standort zu heiss, werfen Birke und Erle viel Laub ab. Hainbuchen versuchen sich abzukühlen, in dem sie große Mengen Wasser verdunsten. Deshalb muss im Sommer sehr oft gegossen werden. Hierdurch reichern sich im Substrat die im Wasser gelösten Salze leicht an. Dies würde die Wasseraufnahmefähigkeit der Hainbuche hemmen, so dass auch bei dieser Blattschäden entstehen können. Man kann ein Überhitzen des Standortes durch das Installieren sogenannter Schattennetze verhindern. Sie werden in unterschiedlichen Größen und verschiedenen Beschattungsgraden im Bonsai-Fachhandel oder Gärtnereibedarf angeboten.

**4 Bei Sandbirken Äste nach unten drahten**

In der Natur kann man die Sandbirke von der Moorbirke dadurch unterscheiden, dass die Astenden der Sandbirke nach unten hängen. Da bei der Bonsaigestaltung oft versucht wird, sich dem natürlichen Erscheinungsbild der betreffenden Baumart anzunähern, werden bei der Birke die Äste nicht wie bei anderen Laubbäumen leicht nach oben gerichtet, sondern man drahtet die Astenden und richtet sie dann nach unten.
Man sollte anschließend besonders die Stellen, an denen die Äste gebogen wurden, im Auge behalten, weil hier der Draht schnell zu eng wird und einwachsen könnte. Auch dünne Äste müssen in der Regel mindestens einmal nachgedrahtet werden.

**5 Hainbuchen sind spätfrostgefährdet**

Nach einem milden Winter geben die Birkengewächse sehr schnell die Winterruhe auf und beginnen, ihre Knospen zu aktivieren. Hainbuchen sind in diesem Stadium frostempfindlich. Trotzdem sollten sie zum Ende des Winters nicht zu geschützt aufgestellt werden. Nur wenn noch einmal starker Frost zu erwarten ist, werden die Bäume komplett über Nacht mit Folie abgedeckt. Steigen die Temperaturen am Tag wieder, muss die Folie entfernt werden. Birke Hasel und Erle sind weniger frostempfindlich.

5

# Ahorne

► Fächerahorn
*(Acer palmatum*
'Deshoijo'),
Alter ca. 25 Jahre,
aufrechte Form,
Höhe ca. 60 cm.

# Ahorne

Unter den Ahornen gibt es einige Bonsai-Klassiker. Einige asiatische Ahornarten, insbesondere der Dreispitzahorn *(Acer buergerianum)* und der Fächerahorn *(Acer palmatum),* werden seit Jahrhunderten auch als Bonsai gehalten. Wegen ihrer eleganten Ausstrahlung sind diese auch in Europa sehr beliebt. Der deutlich langsamer wachsende, ebenfalls sehr attraktive Japanische Ahorn *(Acer japonika),* ist seltener anzutreffen

Es finden sich aber auch unter den europäischen Ahornarten einige, die bonsaitauglich sind, ja ihren asiatischen Verwandten in punkto Widerstandsfähigkeit und Frostresistenz sogar einiges Voraus haben. Der Spitzahorn *(Acer platanoides)* und der Bergahorn *(Acer pseudoplatanus)* sind beide sehr frostfest und widerstandsfähig, wegen ihrer großen Blätter aber nicht häufig als Bonsai zu sehen. Von den heimischen Arten sind der Feldahorn *(Acer campestre)* und der Felsenahorn *(Acer monspessulanum)* die wichtigsten Arten, die als Bonsai ähnlich kleine Blätter entwickeln wie ihre asiatischen Verwandten. Der nicht selten als Bonsai anzutreffende Feuerahorn *(Acer ginnala)* stammt aus Nordamerika.

▼ Fächerahorn *(Acer palmatum* 'Kijohime') – Wie stark die Verzweigung entwickelt ist, zeigt sich am besten im Winter.

► Diese Sorte des Fächerahorns ist ideal zur Gestaltung der Besenform geeignet. Außerdem zeichnet sie sich durch besonders kleine Blätter aus.

► Fächerahorn *(Acer palmatum)*, Sammlung B. Lehmacher, geneigter Stamm, Höhe ca. 90 cm – Hat die Verzweigung einen gewissen Grad erreicht, kann dieses Gehölz ohne Laub mehr beeindrucken.

▲ Fächerahorn (Acer palmatum 'Seigen'), Sammlung I. Simon, aufrechte Form, Höhe ca. 80 cm – Diese Sorte treibt im Frühjahr in einem intensiven Rosa aus. Die jungen Blätter sind, solange sie sich noch nicht voll entwickelt haben, empfindlich gegenüber nasskaltem Wetter. Die im Sommer grünen Blätter verfärben sich Dunkelrot.

◄ Fächerahorn *(Acer palmatum)*, Sammlung H. Lehner, Drillingsstamm, Höhe ca. 80 cm. Die Wildform des Fächerahorn wird sehr oft als Bonsai gestaltet. Auch diese färbt sich im Herbst leuchtend Rot.

◀ Dreispitzahorn *(Acer buergerianum)*, Felsen-Form, Höhe ca. 25 cm – Bei diesem Ahorn handelt es sich um eine im Sommer unproblematische Art. Der Dreispitzahorn wächst sehr schnell, entwickelt deshalb auch schnell eine feine Verzweigung und einen dicken Stamm. Die Blattgröße lässt sich so reduzieren, dass harmonische Proportionen auch bei kleinen Bonsai entstehen.

▼ Dreispitzahorn *(Acer buergerianum)*, Sammlung G. Wolf, Höhe ca. 40 cm – Ein sonniger Platz sorgt für farbenprächtiges Herbstlaub.

◄ Feldahorn *(Acer campestre)*, Sammlung M. van Eick, Höhe ca. 90 cm – Dieser Ahorn mag volle Sonne und stellt an das Gießwasser keine besonderen Ansprüche. Bei Gestaltungen mit totem Holz muss dieses ständig frisch imprägniert werden, weil sonst Pilzinfektionen nicht zu vermeiden sind.

► Felsenahorn *(Acer monspessulanum)*, aufrechte Form, Höhe ca. 70 cm – Der Felsenahorn hat auch in der Natur von allen heimischen Ahornarten die kleinsten Blätter. Dies und auch seine orange bis rote Herbstfarben machen ihn für die Bonsaigestaltung besonders reizvoll. Er mag volle Sonne und kann auch Temperaturen bis an die 40°C gut ertragen.

## Die richtige Pflege

### Fertig kaufen oder anziehen

Samen sammelt man ab August, bewahrt diese in feuchtem Sand im Kühlschrank auf und sät im Frühjahr aus.
Jungpflanzen zwischen zwei und vier Jahren, aber auch Rohlinge oder bereits gestaltete Bonsai findet man im Bonsai-Fachhandel.

### Standort

Alle als Bonsai geeigneten Ahornarten mögen einen sonnigen bis halbschattigen Standort, der nicht windgeschützt sein sollte. Luftige Standorte schützen im Sommer vor Überhitzung. Bei Temperaturen über 30 °C sollte der Fächer-Ahorn in den Schatten umgestellt werden.

### Gießen

Der Fächerahorn sollte mit salzarmem Wasser, zum Beispiel Regenwasser, gegossen werden. Die anderen Arten können, sofern sie auch mal Regen abbekommen, mit hartem Leitungswasser gegossen werden. Sie vertragen leicht erhöhte Salzkonzentrationen im Boden, so dass auch lange regenfreie Sonnenphasen meist ohne Blattschäden überstanden werden.

### Pflanzerde

Auch bei Ahornen muss besonderer Wert auf eine gute Drainagewirkung des Pflanzsubstrates gelegt werden. Ein Gemisch aus Akadama, Lava- oder Bimssplitt und Torf im Volumenverhältnis-verhältnis von 2 : 1 : 2 hat sich gut bewährt. Andere Mischungen werden ebenfalls erfolgreich verwendet. Mindestens alle zwei Jahre sollte das Substrat ausgewechselt werden.

### Düngen

Gedüngt wird von Mai bis August mit organischem Bonsai-Dünger. Auf den Herbst wird der Baum Ende August mit einer stickstoffarmen, kaliumbetonten Düngung vorbereitet.

### Überwintern

Ungeschützt ertragen Fächerahorn, Dreispitzahorn und Japanischer Ahorn bis minus 5 °C, der Felsenahorn bis minus 8 °C und der Feldahorn auch deutlich tiefere Temperaturen. Überwintert wird durch Einsenken des Ballens ohne Schale an schattiger Stelle im Garten oder auf dem Balkon in einer mit Sand und Torf gefüllten Kiste. Ab minus 10 °C sollte die Pflanze mit Zweigen, Torf oder Stroh zusätzlich abgedeckt werden.

### Gestaltung

Ahorne werden meist in der frei aufrechten Form gestaltet. Doppel- und Mehrfachstämme sind ebenfalls nicht selten und zeigen oft eine

► Tiefer eingepflanzt würde sich der Wurzelfuß dieses Fächerahorns noch verbessern.

► ► Ein Weinkorken als Gestaltungshilfsmittel hinterlässt keine Spuren.

besonders natürliche Ausstrahlung. Eine Zuchtform des Fächerahorn *(Acer palmatum* 'Kio-hime') wächst ohne besondere Maßnahmen von sich aus in Besenform. Andere Stilarten, wie zum Beispiel die windgepeitschte Form oder die Kaskadenform, sind ebenfalls denkbar.

**Rückschnitt**

Beginnt man mit einem Sämling, zahlt es sich aus, im zweiten Jahr zunächst die Wurzeln zurückzuschneiden. Auch die Äste können schon jetzt eingekürzt werden. Soll die Pflanze schneller einen kräftigeren Stamm bekommen, schneidet man erst wieder im nächsten Jahr. Die Gestaltung einer Rohpflanze kann vom Herbst bis zum Frühjahr erfolgen. Müssen dicke Äste entfernt werden, heilen die Wunden besser, wenn dies in Frühjahr geschieht. Bereits gestalteten Pflanzen werden vor dem Austrieb im Frühjahr alle überzähligen oder neu getriebenen, aber nicht notwendigen Äste am Stamm entfernt. Auch bei Ästen, die sich gegenseitig behindern wird einer entfernt. Den verbleibenden Ästen wird der letzte Austrieb des vergangenen Jahres auf ein oder zwei Knospenpaare zurückgeschnitten. Bei allen Ahornarten stehen sich immer zwei Knospen direkt gegenüber, wobei sich die Stellung von einem zum nächsten Knospenpaar jeweils um 90° verschiebt. Der Rückschnitt erfolgt jeweils so, dass ein Knospenpaar, das nach links und rechts zeigt, am Zweigende stehen bleibt. Ist dieser erste Rückschnitt des Jahres beendet, muss jede verbliebene Knospe genügend Raumfreiheit haben. Nach jedem Rückschnitt treiben Feldahorn, Fächerahorn, Dreispitzahorn und Feuerahorn innerhalb von zwei bis drei Wochen wieder aus. Deshalb erfolgt der letzte Rückschnitt Ende Juli. Der folgende Austrieb wird pinziert, was in der Regel einen Austriebsstopp bewirkt.
Der Felsenahorn und der Japanische Ahorn treiben nicht so bereitwillig wieder neu aus. Rückschnitten, die nicht bis Ende Juni erfolgt sind, folgt meist im selben Jahr kein Austrieb mehr.

▲ Ein noch wenig geformter Feldahorn vor (l) und nach (r) dem Frühjahrsschnitt.

**Drahten**

Bei allen Ahornen ist die Rinde empfindlich, so dass vorsichtig gedrahtet werden muss. Sehr eng angelegte Drähte hinterlassen oft bleibende Narben. Um das Einwachsen zu verhindern, muss der Draht ständig beobachtet werden. Meist sind nur die einjährigen Äste noch leicht zu biegen. Zum Formen älterer Äste sollten Spanndrähte verwendet werden.

**Krankheiten und Schädlinge**

Tierische Schädlinge, wie zum Beispiel Blatt- und Schildläuse, lassen sich an den verschiedenen Ahornarten leicht bekämpfen.
Einige Pilzerkrankungen, etwa verschiedene Blattfleckenpilze, können ebenfalls behandelt werden. Wirtelpilze und Rotpustelpilze lassen sich in der Regel kaum erfolgreich bekämpfen.

◀ Der Fächerahorn ist wegen der individuell unterschiedlichen Herbstfärbung auch als Waldform besonders geeignet.

# Expertentipps

**1 Kleinere Blätter durch gezieltes Düngen**

Einige Sorten des Fächerahorns neigen dazu, besonders wenn sie noch jung sind, bei gutem Nährstoffangebot im Frühjahr kräftig auszutreiben und auch große Blatter zu bilden. Diese sorgen wiederum dafür, dass der entsprechende Ast gut mit Energie versorgt wird und dadurch schnell an Dicke zunimmt. Ab einem gewissen Entwicklungsstand sind aber schwächere, kürzere und dünnere Triebe erforderlich. Deswegen werden bereits gestaltete Pflanzen erst dann im Frühjahr gedüngt, wenn sich die ersten Blätter komplett entfaltet haben, so dass diese aus Reserven gebildet werden müssen. Hierdurch bleiben diese ersten Triebe schwächer und die Blätter werden kleiner.

3

**2 Sicheres Winterquartier für asiatische Arten**

Durch die in den letzten Jahren immer milder werdenden Winter lassen sich immer mehr Bonsai-Liebhaber dazu verleiten, ihre Bäume nicht mehr ordentlich einzuwintern. Die asiatischen Ahorne sind jedoch frostempfindlicher als die heimischen. Besonders der Dreispitzahorn darf bei Temperaturen unter minus 8 °C nicht ungeschützt bleiben. Es ist möglich, diese Bäume nur bei hartem Frost zu schützen, und sonst an ihrem angestammten Platz stehen zu lassen. Man darf sie dort aber nicht vergessen und muss das Wetter im Auge behalten.

1

Häufiger als andere Gehölze werden Ahorne im Gartenboden leicht von Wirtelpilzen befallen. Deshalb kann es besser sein, sie in einer kühlen Garage, einem Gartenhaus oder ähnlichem zu überwintern. Ungeeignet sind nicht beschattete Gewächshäuser.

**3 Zuerst den Stamm heranziehen**

Werden Äste und Stamm bei einem Ahorn gleichzeitig entwickelt, sind diese ähnlich dick und bleiben es auch. Günstigere Proportionen kann man dadurch erzielen, dass man den Spitzentrieb des Stammes einige Jahre immer nur im Frühjahr zurückschneidet und sonst durchtreiben lässt. Dadurch entsteht ein kräftiger Stamm mit sanften Bewegungen. Häufig stehen die Äste nun in einem zu steilen Winkel von diesem weg. Deshalb entfernt man alle Äste, die sich nicht mehr biegen lassen. Rund um die Schnittstellen entwickeln sich meist sehr viele Knospen. Es empfiehlt sich, die überzähligen frühzeitig zu entfernen und nur diejenigen stehen zu lassen, die einen neuen Ast bilden sollen. In den meist Fällen sind dies waagerecht wachsende Äste. Diese lassen sich leicht passend zum Stamm formen und auch in ein harmonisches Verhältnis von Stammdicke zu Astdicke bringen. Besonders der Feldahorn, der nicht selten steife und staksige Äste entwickelt, kann so gestaltet werden.

### 4 Astdicke steuern

Je nachdem, in welcher Entwicklungsstufe sich ein Baum befindet, wird der Frühjahrsaustrieb zu einem frühen oder späteren Zeitpunkt beschnitten. Müssen Stamm und Äste noch an Dicke zulegen, wartet man, bis der Austrieb mindestens 20 cm lang ist, und schneidet dann auf ein bis drei Blattpaare zurück. Legt man bereits mehr Wert auf eine feinere Verzweigung, kann der erste Austrieb bereits bei einer Länge von 5–8 cm auf ein oder zwei Blattpaare eingekürzt, oder nachdem sich das erste Blattpaar gebildet hat, pinziert werden.

### 5 Durch Blattschnitt Verzweigung verbessern

Auch bei den Ahornen lässt sich der Grad der Verzweigung noch steigern, indem regelmäßig zu dicht stehende Blätter abgeschnitten werden, so dass mehr Licht ins Innere der Krone fällt. Dadurch können von innen zusätzliche Verzweigungen bis nach außen

5

vordringen. Durch einen Blattschnitt im Juni wird die Blattgröße noch zusätzlich verringert und die Verzweigung wird verfeinert, man behindert jedoch das Dickenwachstum.

### 6 Neue Äste ergänzen

Fehlt an einer wichtigen Stelle ein Ast, kann dieser auch angesetzt werden. Hierzu lässt man in der Nähe der betreffenden Stelle, an der der neue Ast anwachsen soll, einen Trieb besonders lang werden. Nun bohrt man ein Loch durch den Stamm und zieht den langen Ast hindurch. Nach ein bis zwei Jahren ist dieser angewachsen.

6

▲ Junge Äste des Feldahorn bilden bei manchen Exemplaren starke Korkleisten aus.

# Zimmer-Bonsai

► Chinesische Feige *(Ficus microcarpa)*, aufrechte Form, Höhe ca. 80 cm.

# Warmhauspflanzen

▼ Die Natalfeige *(Ficus triangularis)* bleibt auch als Bonsai, der ganzjährig in der Wohnung gehalten wird, wuchsfreudig und lässt sich leicht weiterentwickeln. Er kann auch Temperaturen unter 18°C gut ertragen.

Zu den sogenannten Zimmer- oder Indoor-Bonsai zählen wir alle Gehölze, die mindestens eine gewisse Zeit des Jahres in der Wohnung verbringen können. Man unterscheidet zwischen Kalthauspflanzen und Warmhauspflanzen.

Die sogenannten Warmhauspflanzen stammen aus den Tropen und müssen deshalb auch als Bonsai das ganze Jahr hindurch warm gehalten werden. Allerdings ist in tropischen Regionen die Luftfeuchtigkeit um einiges höher als in unseren Wohnungen.

Deshalb sind sie in der Wohnung das ganze Jahr hindurch nur dann gut untergebracht, wenn die Luft nicht zu trocken wird. Für die meisten als Zimmerbonsai angebotenen Pflanzen ist allerdings die Luftfeuchtigkeit in unseren Wohnungen zu niedrig und oft auch das Lichtangebot zu gering. Sie lassen sich hier kaum weiterentwickeln. Man muss oft froh sein, dass sie unter den gegebenen Bedingungen überhaupt am Leben bleiben.

Viele tropische Gehölze entwickeln auch sehr große Blätter und sind aus diesem Grund nicht für die Bonsaigestaltung geeignet. Nur wenige tropische Bäume kommen deshalb in unserem Klimabereich für die Bonsaigestaltung in Frage:

► 'Natasha', eine Zuchtform von *Ficus benjamina*, der Birkenfeige, ist wegen ihrer besonders kleinen Blätter auch für Miniaturbonsai geeignet. Sie ist auch als Topfpflanze im Handel erhältlich und leicht zu gestalten.

Auch für einen Anfänger lassen sich gut tropische Ficusarten halten. Besonders beliebt ist die Chinesische Feige *(Ficus microcarpa)*, die Birkenfeige *(Ficus benjamina)*, Weidenblättrige Feige *(Ficus salicifolia)* oder die Natalfeige *(Ficus triangularis)*. Andere Arten, die gerne als Bonsai gestaltet werden, sind der Orangen-Jasmin *(Muraya paniculata)* oder der Fukien-Tee *(Carmona microcarpa)*.

◀ *Ficus retusa* ist ebenfalls als Chinesische Feige im Handel. Die Blätter sind derber als bei anderen Feigen. Leicht auch im geheizten Zimmer zu halten.

▼ Den Fukien-Tee *(Carmona microcarpa)* kann man bei genügend hoher Luftfeuchtigkeit und gleichmäßiger Bodenfeuchte ganzjährig in der Wohnung halten. Auf Schwankungen in der Pflegeintensität reagiert er empfindlich.

◀ Die Weidenblättrige Feige *(Ficus salicifolia)* lässt sich durch gezielten Rückschnitt leicht in die Besenform bringen.

◀ Aus der kleinen weißen Blüte des Fukien-Tee entwickeln sich anfangs rote, später schwarze erbsengroße Früchte.

## Die richtige Pflege

### Fertig kaufen oder anziehen

Stecklinge lassen sich leicht bewurzeln. Jungpflanzen und ungestaltete Topfpflanzen von *Ficus benjamina* sind in großer Auswahl in Blumenläden und Gartencentern erhältlich. Gestaltete Exemplare der meisten bonsaigeeigneten Warmhausgehölze werden in unterschiedlicher Qualität im Bonsai-Fachhandel angeboten. Manchmal findet man auch gutes Ausgangsmaterial in Baumärkten und Gartencentern.
Auch zu groß geratene Zimmerpflanzen lassen sich zu Bonsai umgestalten.

### Standort

Tropische Feigen-Arten, Orangenjasmin und Fukientee können ganzjährig in der Wohnung gehalten werden, an einem warmen und hellen Platz. Direkte Sonne ist nicht unbedingt erforderlich. Werden die Pflanzen nicht direkt am Fenster aufgestellt, kann unter Umständen eine zusätzliche Beleuchtung mit Pflanzenlampen von Vorteil sein.
Warmhauspflanzen vertragen Temperaturen zwischen 12 und 40 °C. Im Sommer können sie auch im Freien, im Garten oder auf dem Balkon stehen. Hier gedeihen sie, wegen des größeren Lichtangebotes und der höheren Luftfeuchtigkeit, oft besser als in der Wohnung. An direkte Sonneneinstrahlung muss man sie aber allmählich gewöhnen.

### Gießen

Gewässert wird mit abgestandenem Leitungswasser, sobald die Oberfläche der Erde trocken oder nur noch leicht feucht ist. Es fördert die Entwicklung der Pflanze, wenn in regelmäßigen Abständen auch mit Regenwasser gegossen wird. Während die verschiedenen Feigen auch mal trockene Erde vertragen, reagiert der Fukien-Tee sehr empfindlich auf nachlässiges Gießen, mag es aber eben sowenig, ständig nass zu stehen.

### Pflanzerde

Als Pflanzerde kann eine Mischung aus Lehmgranulat, Sand, Lava- oder Bimssplitt und Anzuchterde im Volumenverhältnis von 3 : 1 : 3 : 3 dienen. Doch auch andere Mischungen werden erfolgreich verwendet. Wird nur mit Leitungswasser gegossen, sollte das Pflanzsubstrat einmal im Jahr ausgetauscht werden. Ältere Pflanzen können auch einmal zwei Jahre im gleichen Substrat stehen.
Stehen die Bonsai den Sommer über im Freien, so dass sie vom Regen erreicht werden, reicht es auch bei jüngeren Pflanzen, nur alle zwei Jahre die Erde zu erneuern.
Der Fukien-Tee reagiert häufig sehr empfindlich auf das Zurückschneiden der Wurzeln. Sie sollte deshalb nur im Frühjahr umgepflanzt und im Wurzelbereich bearbeitet werden.

### Düngen

Für eine ausreichende Ernährung sorgt man vom Frühjahr bis zum Herbst durch regelmäßige Gaben organischen oder mineralischen Düngers. Werden die Bonsai im Sommer im Freien gehalten, kann auch fester Dünger verwendet werden, sonst verwendet man besser flüssigen Dünger. Im Winter werden die Nährstoffgaben auf die Hälfte reduziert.

### Gestaltung

Alle Stilarten sind denkbar und sind auch bereits erfolgreich gestaltet worden. Wegen der relativ großen Blätter sollten Ficusarten und

Orangenjasmin allerdings nicht zu klein konzipiert werden. Die Birkenfeige *(Ficus benjamina)* wird in verschiedenen Zuchtformen auch mit kleinen Blättern häufig als Topfpflanze angeboten. Diese eignen sich besonders gut für eigene Gestaltungsversuche. Besonders reizvoll sind die Luftwurzeln, die Feigen als echte Vertreter der Tropenvegetation bei genügend hoher Luftfeuchtigkeit auch als Bonsai ausbilden können.

▲ Nur bei regelmäßigem Rückschnitt lassen sich die Proportionen eines alten Baumes erhalten.

**Rückschnitt**

Die Triebe werden bei jungen Pflanzen ab einer Länge von 10–20 cm auf ein bis drei Blätter zurückgeschnitten. Ältere bereits gestaltete Exemplare können auch früher geschnitten werden.

Im oberen Drittel der Krone sollten die Triebe immer kurz gehalten werden, um die Entwicklung der darunter liegenden Äste zu fördern. Häufig ist ein Rückschnitt bis ins alte Holz erforderlich, um den Baum kompakt zu halten. Hier treibt die Pflanze willig wieder aus.

Die Äste der meisten Feigenarten bleiben lange elastisch, weshalb auch ältere Exemplare noch mit Drahten geformt werden können. Wegen des starken Dickenwachstums muss der Draht regelmäßig überprüft werden. Sobald er zu eng wird, dies ist oft schon nach sechs bis acht Wochen der Fall, muss er wieder entfernt werden. Druckstellen, die von zu eng anliegendem Draht verursacht sind, bleiben auf der sonst glatten Rinde lange sichtbar.

**Krankheiten und Schädlinge**

Das Wohnungsklima fördert die Entwicklung von Schildläusen, die durch ihre klebrigen Ausscheidungen leicht auffallen.

Spinnmilben verursachen gelbliche Sprenkel auf den Blättern. Feigen können mit einer gewissen Populationsdichte leben, der Fukien-Tee leidet dagegen schon bei geringer Befallsdichte. Spinnmilben müssen daher bekämpft werden.

◀ Im Blumenladen oder Gartencenter werden einige *Ficus*-Arten angeboten, die sich leicht zum Bonsai umgestalten lassen.

# Expertentipps

**1 Mitbringsel aus dem Urlaub**

Bei einer Reise durch die Tropen findet man viele stattliche Bäume, die so beeindruckend sind, dass man sie am liebsten mit nach Hause nehmen möchte. Es ist meist aber nicht erlaubt, Pflanzen aus tropischen Ländern nach Europa einzuführen. Allerdings ist es nicht schwierig, Samen mitzunehmen. Diese sät man dann zuhause direkt aus. Meist keimen sie bereits innerhalb von sechs Wochen und manche lassen sich mit etwas Mühe zu Bonsai heranziehen. Hier ist Forschergeist gefragt. Probieren geht über studieren.

**2 Untersetzer mit Wasser**

Tropische Gehölze sind mit den Temperaturen, die bei uns in der Wohnung herrschen, durchaus zufrieden. Anders ist dies manchmal mit dem Lichtangebot und meistens mit der Luftfeuchtigkeit. Die Luftfeuchtigkeit kann man dadurch erhöhen, dass man den Bonsai auf ein großes Tablett stellt, das mit Wasser gefüllt wird. Weil das Wasser ständig verdunstet, ist die Luft in der Nähe des Baumes nun feucht genug. Allerdings muss man darauf achten, dass die Erde, in der der Baum steht, keinen Wasserkontakt hat, sonst sind die Wurzeln ständig zu nass und sterben ab. Dafür füllt man die Schale mit Gesteinsgranulat und stellt den Baum dann auf dieses Granulat.

2

**3 Im Sommer ins Freie**

In der warmen Jahreszeit entwickeln sich auch tropische Gehölze besser, wenn sie in den Garten oder auf den Balkon gestellt werden. Werden sie im späten Frühjahr, sobald die Außentemperaturen ständig über 12 °C sind, nach draußen gebracht, sollten sie zunächst in den Schatten gestellt werden. Direkte Sonne verursacht einen Sonnenbrand, deshalb setzt man die Pflanzen zunächst nur 20 Minuten pro Tag direkter Sonne aus. Dann steigert man die Zeit langsam, bis der Bonsai schließlich ganz in der Sonne oder im Halbschatten stehen kann. Durch das nun optimale Lichtangebot entstehen auch wieder Knospen im inneren Kronenbereich, wo in der Wohnung zu wenig Licht hingelangt. Den Sommer kann man nun nutzen, um die Verzweigung weiterzuentwickeln, wodurch auch die Blätter kleiner werden.

**4 Rohpflanzen aus dem Gartencenter oder Blumenladen**

Erste eigene Gestaltungsversuche macht man am besten mit einer Birkenfeige aus dem Gartencenter oder Blumenladen. Hier findet man eine Vielzahl von Sorten und Zuchtformen, die sehr schnell zu schönen Bonsai heranreifen können. Häufig werden auch die

4a

4b

4c

verschiedenen kleinblättrigen Sorten der Birkenfeige angeboten. Diese sind auch gut zur Gestaltung von Miniaturbonsai geeignet. Solche Pflanzen sind preiswert, robust und leicht zu gestalten. Auch das Drahten kann hierbei geübt werden. Allerdings werden die Drähte sehr schnell zu eng und können einwachsen. Oft muss man sie bereits nach sechs Wochen wieder entfernen.

4d

**5 Schneller Erfolg durch Waldpflanzung**
Birkenfeigen, die im Gartencenter als normale Zimmerpflanze angeboten werden, lassen sich leicht zu einem Bonsaiwäldchen zusammenpflanzen. Hierbei sollte man darauf achten, dass man unterschiedlich dicke Bäumen und möglichst nur eine Sorte verwendet. Die erste Schale sollte nicht zu flach sein, damit nicht so viele Wurzeln entfernt werden müssen. Ist der Wald stabil und sind die Bäume aneinander gewöhnt, dann kann man nach ein oder zwei Jahren eine flachere Schale wählen. Darin wirkt ein Wald auf jeden Fall besser als in einer hohen Schale.

# Kalthauspflanzen

Kalthauspflanzen werden im Sommer an einem hellen Platz entweder in der Wohnung oder besser im Garten oder auf dem Balkon gehalten. Den Winter sollten sie ebenfalls an einem hellen, aber kühlen und frostfreien Platz verbringen. Ein idealer Platz ist ein Wintergarten. Aber auch ein ungeheizter Raum in der Wohnung wäre möglich.

Zu den Kalthauspflanzen gehören die Gehölze, die zwar einem jahreszeitlichen Rhythmus unterliegen, im Winter aber keinen oder nur geringen Frost vertragen. Das sind wichtige Kulturpflanzen, die wir aus dem Mittelmeerraum kennen, wie der Olivenbaum *(Olea europaea)*, der Granatapfel *(Punica granatum)* oder die Myrte *(Myrtus communis)*. Aber auch einige Gehölze, die als Bonsai aus China zu uns kommen, müssen als Kalthauspflanze gehalten werden. Die häufigsten sind der Chinesische Liguster, die Chinesische Ulme und der Junischnee. Außerdem sollen in dieser Rubrik die Fuchsien besprochen werden, die sich auch zu bemerkenswerten Bonsai gestalten lassen.

Kalthauspflanzen können Laub abwerfende, also sommergrüne Bäume sein, wie zum Beispiel der Granatapfel. Die meisten sind allerdings immergrüne Gehölze, so der Olivenbaum, die Myrte sowie die chinesischen Importbonsai.

▼ Reizvoll sind beim Granatapfel neben der Blüte auch die Früchte.

► Granatapfel *(Punica granatum* 'Nana'), Waldform, Höhe ca. 50 cm – Der Granatapfel wirft im Winter das Laub ab. Wird er im Sommer im Freien gehalten, blüht er bis in den Herbst.

▲ Olivenbäume *(Olea europaea)* benötigen in der Wohnung einen hellen Platz mit hoher Luftfeuchtigkeit. Im Sommer sollten sie im Freien gehalten werden, dann entwickeln sich auch Früchte (oben links).

▲ Der mit der Pistazie verwandte Mastixstrauch kann an einem hellen und im Winter nicht zu warmen Platz das ganze Jahr über in der Wohnung gehalten werden. Durch das gefiederte Blatt ist er nicht so exakt wie andere Arten in Form zu halten.

► Rosmarin *(Rosmarinus officinalis)* fühlt sich nur zeitweise in der Wohnung wohl. Im Sommer steht er im Freien, im Winter sollte er an seinem kühlen Platz nicht zu oft gegossen werden.

▲ Myrte *(Myrtus communis)*, Sammlung U. Claassen, Doppelstamm, Höhe ca. 90 cm, Bild im Hintergrund U. Claassen – Im Winter kann die Myrte in der Wohnung an einem hellen, kühlen Platz gehalten, im Sommer auf dem Balkon oder im Garten aufgestellt werden. Unter diesen Pflegebedingungen eine ideale Pflanze für die Bonsaigestaltung!

◄ Steineibe *(Podocarpus spec.)*, aufrechte Form, Höhe ca. 30 cm – Der einzige Nadelbaum, der sich bei hoher Luftfeuchtigkeit auch in der Wohnung halten lässt. Dieses Gehölz kann auch im Halbschatten gedeihen. Die weiblichen Exemplare entwickeln bläulichviolette Früchte.

◄ Chinesische Ulme *(Ulmus parvifolia)*, Waldform, Höhe ca. 20 cm – Im Sommer entwickelt sich diese Ulmenart im Freien deutlich besser als in der Wohnung. Kann aber auch in einem hellen Zimmer ganzjährig gehalten werden, wenn im Winter ein kühler Raum mit nicht zu trockener Luft zur Verfügung steht. Sie wird leider oft von Spinnmilben befallen.

◄ Junischnee *(Serissa phoetida)*, Höhe ca. 35 cm – Diese während der Blüte sehr reizvolle Pflanze benötigt gleichmäßige Pflegebedingungen mit guter Nährstoffversorgung.

◄◄ Chinesischer Liguster *(Ligustrum sinensis)*, Höhe ca. 30 cm – Ein auch in der Wohnung sehr frohwüchsiges Gehölz, das sich schnell verzweigt und in eine exakte Form bringen lässt.

▲ Feigenbaum *(Ficus carica)*, Besenform, Höhe ca. 30 cm – Wegen ihrer großen Blätter ergeben sich nur bei großen Bonsai glaubwürdige Proportionen. Kann aus getrockneten Feigen ausgesät werden.

◄ Jadebaum *(Portulacaria afra)*, Doppelstamm, Höhe ca. 30 cm – Dieser sehr robuste aus Afrika stammende Baum sollte im Winter nicht zu feucht gehalten werden. Er kann ganzjährig an einem sonnigen Fensterplatz stehen. Er verträgt keinen Frost.

▲ Dickblatt *(Crassula arborenscens)*, Sammlung P. Pudenz, Drillingsstamm, Höhe ca. 40 cm – Dieses pflegeleichte Wasser speichernde Gehölz kann bei voller Sonne am Fenster aufgestellt werden, im Sommer auch im Freien. Der Baum erträgt Trockenheit. Stickstoffarme Düngung fördert einen kompakten Wuchs. Die Pflanze verträgt keinen Frost.

► Fuchsie *(Fuchsia spec.)*, Sammlung H. Jansen, Besenform, Höhe ca. 50 cm – Fuchsien kommen in vielen Sorten vor, von denen sich die kleinblütigen am besten als Bonsai eignen. Sie benötigen einen halbschattigen bis schattigen Platz, der im Sommer besser im Freien liegen sollte. Im Winter nicht zu nass halten! Die meisten Fuchsien vertragen keinen Frost.

## Die richtige Pflege

### Fertig kaufen oder anziehen

Die meisten Kalthauspflanzen lassen sich leicht über Stecklinge vermehren.
Rohlinge von Olive, Grantapfel oder Myrte findet man im Urlaub im Mittelmeerraum auch in dort ansässigen Baumschulen.
Junge, bereits auf Bonsai vorbereitete Pflanzen, sind in Gartencentern, Baumärkten oder im Bonsai-Fachhandel erhältlich. Hochwertige Gestaltungen gibt es nur im Bonsai-Fachhandel.

### Standort

Wie schon erwähnt, sollten die als Bonsai in Frage kommenden Kalthauspflanzen das ganze Jahr über hell stehen. Ein voll sonniger Platz ist ebenso geeignet, wenn die Pflanzen mit ausreichendem Wasser versorgt werden, wie einer, an dem ein paar Stunden Schatten herrschen. Eine Ausnahme bilden die Fuchsien, die im Halbschatten besser aufgehoben sind. In der Wohnung bedeutet das auf jeden Fall einen Platz in Fensternähe. Ist dies nicht möglich, sollte eventuell mit Pflanzenlampen für zusätzliches Licht gesorgt werden. Vom Frühjahr bis zum Herbst kann man Kalthauspflanzen auch im Freien halten. Wenn sie aus der Wohnung ins Freie gestellt werde, müssen sich die Miniaturbäume erst an die direkte Sonne gewöhnen. Pflanzen, die den Sommer im Freiland verbracht haben, halten im Herbst auch schwachen Frost aus. Vorsicht, für Fuchsien gilt das nicht. Sicherheitshalber holt man sie aber Ende November in die Wohnung zurück. Hier sollten sie den Winter an einem hellen, kühlen Platz verbringen.

### Gießen

Die beschriebenen Kalthauspflanzen sollten gleichmäßig feucht gehalten werden, wobei Staunässe zu vermeiden ist. Pflanzen, die den Sommer so im Freien aufgestellt sind, dass sie auch Regen abbekommen, können mit normalem Leitungswasser bewässert werden. Stehen die Pflanzen dagegen immer in der Wohnung oder überdacht in Freien, dann sollten sie regelmäßig auch mit Regenwasser gegossen werden, damit sich die im Leitungswasser gelösten Salze nicht zu sehr in der Erde anreichern.

### Pflanzerde

Als Pflanzerde kann eine Mischung aus Lehmgranulat, Sand, Lava- oder Bimssplitt und Anzuchterde im Volumenverhältnis von 2 : 1 : 1 : 2 dienen. Andere Mischungen, die eine gute Drainageeigenschaft haben, werden aber auch gut vertragen.

▼ Stecklinge setzt man in nährstoffarmes Substrat unter Folien an einen hellen, vor direkter Sonne geschützten Platz.

► Bei vielen Arten sind bereits nach drei Monaten genügend Wurzeln gewachsen, so dass die Pflänzchen einzeln gesetzt werden können.

## Düngen

Pflanzen, die sich noch am Anfang ihrer Entwicklung befinden, werden vom Frühjahr bis zum Sommer alle 14 Tage mit einem organischen Bonsai-Dünger versorgt. Im Freien verwendet man festen, in der Wohnung flüssigen Dünger. Reifere Bonsai können auch weniger gedüngt werden, was häufig die Blühfreudigkeit fördert.

## Gestaltung

Einige Kalthauspflanzen, wie Myrte oder Junischnee, wachsen in der Natur strauchförmig. Hier versucht man bei der Gestaltung nicht, der natürlichen Wuchsform möglichst nahe zu kommen, mit diesen Gehölzen können alle Stilarten geformt werden. Auch bei den echten Bäumen, wie Olive, Granatapfel oder Chinesische Ulme, sind alle Stilarten denkbar. Am häufigsten werden sie allerdings in der frei aufrechten Form oder in der Besenform gestaltet.

## Rückschnitt

Bei jungen Pflanzen erfolgt der Rückschnitt erst ab einer Trieblänge von ca. 10–15 cm, um das Dickenwachstum zu fördern. Dabei werden die Triebe, je nach Stellung des Astes in der Krone, auf ein bis fünf Blätter oder Blattpaare zurückgeschnitten. Ältere, kräftige Pflanzen kann man bereit ab 5 cm Trieblänge auf ein bis zwei Blattpaare zurückschneiden. Ausgereifte Pflanzen pinziert man, sobald sich zwei Blätter oder Blattpaare entwickelt haben.

## Drahten

Da der Neuaustrieb der Myrte und vieler Fuchsien meist extrem nach oben gerichtet ist, kann man bei der Gestaltung zum Bonsai meist nicht auf Draht verzichten. Füchsientriebe müssen gedrahtet werden, bevor sie zu verholzen beginnen. Einjährige Triebe lassen sich nicht mehr biegen. Andere Arten können auch durch gezielten Rückschnitt in Form gehalten werden. Allerdings lassen sich ein- und zweijährige Äste noch leicht biegen und können deshalb auch gut gedrahtet werden. Bei der Myrte werden ältere Äste sehr spröde und brechen leicht. Deshalb muss bei diesen besonders vorsichtig vorgegangen werden.
Werden kräftige Äste nicht gedrahtet sondern gespannt, besteht die Gefahr, dass diese am Stamm ausreißen oder ganz abbrechen.

▲ Durch regelmäßigen Rückschnitt entstehen exakte Strukturen.

## Krankheiten und Schädlinge

**Tierische Schädlinge:** Schildläuse sind an ihren klebrigen Ausscheidungen leicht zu erkennen. Zur Bekämpfung holt man am besten den Rat eines Fachmannes ein. Chinesische Ulmen werden gerne von Spinnmilben besiedelt. Besonders im Winter müssen sie unbedingt bekämpft werden.
**Pilzerkrankungen:** Chinesischer Liguster wird von Mehltau befallen und ebenso wie Junischnee und Fuchsien von Wirtelpilzen und Grauschimmelfäule, die den Bäumen irreparable Schäden zufügen können.

# Expertentipps

**1 Kein ungeheizter Raum zum Überwintern?**

Einige Kalthauspflanzen, wie Myrte, Olive oder Chinesische Ulme, können im Winter auch wärmer gehalten werden, wenn die Luftfeuchtigkeit nicht unter 60 % sinkt und die Temperaturen nachts nach unten gehen, die Heizung also auf Nachtabsenkung geschaltet ist. Allerdings wachsen diese Pflanzen dann auch im Winter. Da aber die Tage kurz sind, und deshalb das Lichtangebot eigentlich zu gering ist, werden die Blattabstände bei diesem Wintertrieb relativ groß. Dies wiederum ist keine gute Voraussetzung, um eine feine Verzweigung zu entwickeln. Deshalb kann es von großem Vorteil für die weitere Entwicklung des Bonsai sein, wenn man ihm mit einer Pflanzenlampe zusätzliches Licht zukommen lässt.

1

**2 Pflanzenlampe für kompaktes Wachstum**

Grundsätzlich reicht für Bonsai das Licht in der Wohnung einige Zeit des Jahres nicht für eine optimale Entwicklung aus. Auch Pflanzen, die in Fensternähe stehen, bekommen nur von einer Seite direktes Licht. Die andere Seite der Pflanze muss mit dem indirekten Licht aus dem Rauminneren zurechtkommen. Hierdurch wachsen die Triebe von Zimmerbonsai oft alle in Fensterrichtung, oder es wachsen überhaupt nur die an der dem Fenster zugewandten Seite. Um einen ausgeglichenen Wuchs zu erreichen, ergänzt man das Sonnenlicht durch künstliches Licht in Form von Pflanzenlampen. Diese werden als Röhre oder Strahler angeboten und sollten möglichst nah über der Pflanze angebracht werden, damit sie auch die gewünschte Wirkung erzielen.

**3 Ventilator für widerstandsfähigere Blätter**

Pflanzenteile, die in der Wohnung wachsen, sind leicht für Schädlinge angreifbar, weil diese deutlich zarter werden, als wenn sie sich im Freien entwickeln würden. Installiert man in der Wohnung einen Ventilator, der auf den Bonsai gerichtet ist, und schaltet ihn über eine Zeitschaltuhr stundenweise an, simuliert das den Wind, der im Freien herrscht. Dadurch wird der Zuwachs deutlich derber und widerstandsfähiger, weil die Blätter mehr Schutzschichten enthalten. Diese machen es den Schädlingen schwerer, ihre Saugrüssel

3

einzubohren oder selbst einzudringen. Auch gegen Pilzsporen ist eine solche Pflanze besser gewappnet.

### 4 Schutzmaßnamen im Herbst

Kalthauspflanzen, die den Sommer über im Garten oder auf dem Balkon gehalten werden, gedeihen dort deutlich besser als in der Wohnung. Im Freien siedeln sich jedoch auch Schädlinge auf der Pflanze an, die sich draußen nicht so stark vermehren können, dass der Bonsai unter ihrem Befall leiden würde. Dies ändert sich, wenn dieser im Herbst wieder ins Haus geholt wird, weil die Abwehrkräfte der Pflanze schwinden und gleichzeitig die Vermehrungsrate der Schädlinge steigt. Deshalb sollten alle Pflanzen, die vom Freien in die Wohnung geholt werden, vorher eine Behandlung gegen saugende und beißende Insekten erhalten und dadurch von unerwünschten Bewohnern befreit werden.

### 5 Urlaubsfindlinge

Kalthauspflanzen, die als Bonsai gestaltet werden können, findet man oft während eines Urlaubs im Mittelmeerraum. Hier erhält man in den Baumschulen Granatäpfel oder Oliven unterschiedlichen Alters. Auch beim Spaziergang oder während einer Wanderung entdeckt man nicht selten klein gebliebene Exemplare, die man gerne ausgraben würde. Auch wenn diese interessanter aussehen mögen, ist es zu dieser Jahreszeit ratsam, sich auf Pflanzen aus der Baumschule zu beschränken. Die in der Natur gewachsenen würden kurz nach dem Ausgraben vertrocknen. Ausgenommen sind ein bis zweijährige Sämlinge, die eine gewisse Überlebenschance haben, wenn man einen Großteil des Laubes entfernt und sie so schnell wie möglich wieder einpflanzt.

4

5

# Spezielle Krankheiten und Schädlinge

Wer Bonsai richtig anziehen, gestalten und pflegen möchte, sollte möglichst viel über die natürlichen Lebensumstände der Bäume und ihrer Reaktionen darauf wissen. Zu den normalen Lebensumständen eines Baumes zählt auch das Zusammenleben mit einer Vielzahl von Tieren und Mikroorganismen, die teilweise auch parasitisch auf ihm leben.
Die meisten Pflanzen haben im Laufe ihrer Entwicklungsgeschichte eine parallele Entwicklung ihrer Schädlinge erlebt. So hat sich ein Großteil der von Pflanzen lebenden Insekten und Pilzen auf eine bestimmte Pflanzengattung spezialisiert, beispielsweise kommt die Buchenschmierlaus nur auf der Gattung Fagus vor.
Die Bäume haben sich in den meisten Fällen auf die Besiedlung solcher Spezialisten eingerichtet und können, bei sonst guten Lebensbedingungen, durchaus eine gewisse Populationsdichte ertragen, ohne Schaden zu nehmen.
Bei Bonsai, die ja relativ klein sind, erreicht die Populationsdichte bestimmter Schädlinge allerdings schnell einen kritischen Bereich, so dass diese sofort bei Auftreten bekämpft werden sollten. Bei welchen Tieren und Pilzen das der Fall ist, wird nachfolgend erklärt.

▲ Mehltau kann vorbeugend bekämpft werden, wenn sich im Frühjahr die ersten Blätter entfalten.

► An den auffälligen Flecken ist der Birnengitterrost leicht zu erkennen. Die Sporen infizieren im Sommer verschiedene Wacholderarten. Den Pilz schon an der Birne bekämpfen!

Um ihre Schädlichkeit richtig einzuschätzen, muss man die auf unseren Bäumen schmarotzenden Lebewesen erst einmal erkennen, und man sollte außerdem etwas über ihren Lebensrhythmus wissen.
Im Folgenden werden die von Bäumen lebenden Organismen in Gruppen eingeteilt und ihre Gemeinsamkeiten erklärt. In Bildern werden die für Bonsai relevanten Arten vorgestellt.

## Pilzkrankheiten

### Echter Mehltau

Den Echten Mehltau erkennt man leicht am grauweißen, mehligen Belag, meist auf der Oberseite der Blätter. Hierbei handelt es sich um das Pilzmycel, mit seinen der ungeschlechtlichen Fortpflanzung dienenden Sporenträgern. Der Echte Mehltau überwintert in den Blattknospen oder auf abgestorbenen Pflanzenteilen. Von hier infiziert der Pilz im Frühjahr die jungen, frisch austreibenden Blätter, von denen dann das ganze Jahr über eine Infektion anderer Pflanzen erfolgen kann.
Besonders günstige Infektionsbedingungen sind hohe Luftfeuchtigkeit, hohe Temperaturen, zu dichte Belaubung, wenig Luftbewegung, trübes Wetter und nasse Blätter.
Einer Infektion kann vorgebeugt werden, indem befallene Pflanzenteile entfernt und vernichtet werden. Außerdem sollten die Bäume nicht zu dicht und zu windgeschützt aufgestellt werden, sollte die Belaubung regelmäßig ausgedünnt werden und zu hohe Boden- und Luftfeuchtigkeit vermieden werden.

Bei Befall kann ein Fungizid gegen Echten Mehltau gespritzt werden

**Rostpilze**

Diese parasitisch in den Zwischenräumen von Pflanzenzellen lebenden Pilze durchwachsen meist nur den engeren Bereich um die Infektionsstelle. Rostpilze vermehren sich über verschiedene Sporen, meist kombiniert mit einem Wirtswechsel.

Rostpilze sind spätestens nach dem Aufplatzen der Pusteln, in denen die Sporen gebildet werden, durch deren auffällige gelbe bis orangerote Färbung nicht mehr zu übersehen. Das Erscheinungsbild ist bei jeder Art etwas anders. Die bonsairelevanten Arten sind der Birnengitterrost, der Weißdornrost, der Ebereschenrost, der Birkenrost und der Fichtenrost.

Einer Infektion kann man vorbeugen, indem schon beim Kauf einer neuen Pflanze auf deren Gesundheit geachtet wird. Außerdem sollten befallene Pflanzenteile bereits bei vereinzeltem Auftreten entfernt und vernichtet werden.

Gefährdete Pflanzen dürfen nicht zu feucht gehalten werden.

Chemisch kann eine erfolgte Infektion durch mehrmaliges Spritzes mit einem Fungizid gegen Rostpilze erfolgen.

***Botrytis*-Pilze**

Dieser Pilz befällt zunächst tote Pflanzenteile und wandert von dort ins lebende Gewebe. Man erkennt ihn an welkenden und absterbenden jungen Pflanzenteilen sowie an dunklen Stellen an Ästen und braunen Knospen. Alle befallenen Pflanzenteile können später mit einem grauen Schimmelrasen überzogen sein. Dieser Schadpilz ist besonders gefährlich in Gewächshäusern, außerdem kann er schlecht belüftete Winterquartiere besiedeln. Auch Pflanzen, die im Winter mit Folie abgedeckt stehen, können befallen werden, wenn man die Folie bei mildem Wetter nicht entfernt. Besonders gefährdet sind Laubbäume, die ihr Laub nicht abwerfen, wie beispielsweise Buche und Eiche. Auch in der Borke alter Bäume siedelt sich der Pilz bei mildem Wetter unter Folie an. Seine Entwicklung begünstigt eine hohe Luftfeuchtigkeit bei wenig bewegter Luft und das gleichzeitige Vorhandensein abgestorbener Pflanzenteile.

Die Ausbreitung erfolgt über vom »Schimmelbelag« gebildeten Sporen.

Einen Befall überwinternder Pflanzen kann man vermeiden, indem Winterquartiere immer gut lüftet. Im Freien überwinternde Bäume sollten nur bei wirklich starkem Frost mit Folie abgedeckt werden, die bei wärmeren Temperaturen sofort wieder entfernt wird.

Befallene Pflanzen können mit einem Fungizid behandelt werden.

**Rotpustelpilz**

Dieser Pilz infiziert totes Holz von Laubbäumen, besonders Ahorn-Arten, und ist leicht zu erkennen. Die befallene Stelle muss mit viel gesundem Holz herausgeschnitten werden.

**Rußtaupilze**

Rußtaupilze erkennt man an den von ihnen gebildeten schwarzen Flecken auf der Pflanze, die an einen rußigen Belag erinnern. Sie entstehen auf den klebrigen Ausscheidungen verschiedener Schadinsekten. Die Pflanze wird durch die Behinderung der Lichtaufnahme geschädigt.

Ein Befall wird behandelt, indem die entsprechenden Schädlinge bekämpft werden. Zusätzlich wird der Rußtaupilz mit warmem Wasser abgespült wird.

**Blattfleckenkrankheiten**

Man erkennt sie an gelblich-braunen, roten oder schwarzen Flecken, häufig mit dunkler Umrandung und mit schwarzem Sporenlager im Innern der Flecken. Die befallenen Blätter sterben frühzeitig ab. Häufig werden Ulmen und Linden befallen. Eine Ausbreitung kann man verhindern, indem man befallene Blätter sofort entfernt und vernichtet. Bei starkem Befall empfiehlt sich eine Behandlung mit einem Fungizid gegen Blattfleckenkrankheit.

▲ Der Birkenrost kann junge Pflanzen zum Absterben bringen.

▲ Der Rotpustelpilz infiziert abgestorbene oder verletzte Stellen und wächst von hier in den noch lebenden Teil des Baumes.

▼ Die Ohrläppchenkrankheit kann durch regelmäßiges Absammeln der Gallen dezimiert werden.

▲ Linden, aber auch zahlreiche andere Gehölze, werden regelmäßig von Spinnmilben befallen.

▲ Blattläuse lassen sich mit Hilfe eines harten Wasserstrahls abspülen.

▲ Schildläuse erkennt man oft erst an ihren auffälligen, in Wachsfäden gebetteten Gelegen.

► Viele Gallmilben verursachen Veränderungen an den Blättern. Sie können im Winter erfolgreich bekämpft werden.

## Bakterienerkrankungen

Bakterien sind einfach gebaute Einzeller, die meist von der Zersetzung toter organischer Stoffe leben und neben vielen Pilzen eine wichtige Aufgabe im Stoffkreislauf der Erde übernehmen.
Einige sind jedoch zu Krankheitserregern geworden. Sie infizieren Pflanzen durch natürliche Öffnungen oder Verletzungen.
Eine der wichtigsten Bakterienerkrankungen an Gehölzen ist der Feuerbrand. Er tritt auf bei Apfelbaum und Birne, beim Weißdorn, bei der Felsenmispel und bei anderen Rosengewächsen. Eine Ausbreitung erfolgt meist mit Hilfe von Tieren oder Menschen oder auch durch Spritzwasser. Über kürzere Entfernungen sind Bakterien, die Gehölze schädigen, auch fähig, sich selbst fortzubewegen, benötigen dafür aber einen Wasserfilm.
Eine Bekämpfung ist aufgrund des ähnlichen Organismusaufbaus wie bei der Pflanze nur vorbeugend, bzw. bei Befall durch Vernichten der befallenen Pflanzen möglich.

## Viruserkrankungen

Viren sind einfach gebaute Organismen, die nicht eindeutig zu den Lebewesen zählen, da sie über keinen eigenen Stoffwechsel verfügen und sich nicht selbstständig vermehren können. Durch ihr Eindringen in eine lebende Zelle wird diese veranlasst, ihren Stoffwechsel umzustellen und neue Viren zu produzieren, die dann weitere Zellen infizieren.
Eine Bekämpfung ist ohne die Vernichtung der befallenen Pflanze nicht möglich, deshalb sind auch hier vorbeugende Maßnahmen wichtig. Hierzu zählen z. B. das Desinfizieren der Schnittwerkzeuge. Da Viren nicht aktiv in Pflanzen eindringen, benötigen sie dafür in der Regel die Hilfe anderer Lebewesen. So wurden Infektionen durch Pilze, Milben und Insekten, Vögel und den Menschen selbst, zum Beispiel beim Pfropfen, beobachtet.

## Tierische Schädlinge

### Milben

Diese Schädlinge zählen zu den Spinnentieren und ernähren sich sehr unterschiedlich. Die für die Bonsaihaltung bedeutsamen **Spinnmilben** schaden durch Saugen an der Pflanze. Aus dem Ei schlüpft eine mit nur drei Beinpaaren versehene Larve, diese entwickelt sich zur achtbeinigen sogenannten Nymphe. Nach mehreren, jeweils durch Häutungen unterbrochenen Nymphenstadien entsteht die geschlechtsreife achtbeinige Spinnmilbe. Die Entwicklung vom Ei bis zum ausgewachsenen Tier verläuft innerhalb weniger Tage, besonders schnell bei trockenwarmem Klima. Durch ihr massenhaftes Auftreten richten die Spinnmilben großen Schaden an, komplette Äste oder sogar ganze Bäume können absterben.
Eine Bekämpfung kann durch vorbeugende Spritzung zu Jahresbeginn mit einem Winteröl erfolgen, das die Wintereier abtötet. Sonst ist eine Bekämpfung nur bei Befall notwendig. Einige Baumarten müssen ab Ende Mai allerdings regelmäßig auf Milbenbefall kontrolliert werden. Hierzu zählen Ulmen, Linden und Hainbuchen und bei den Nadelbäumen der Wacholder.
Die weniger gefährlichen **Gallmilben,** die sich vom Ei über die Larve und ein Nymphenstadium schließlich zum ausgewachsenen geschlechtsreifen Tier entwickeln, verursachen Gallenbildung verschiedener Form sowie Blattveränderungen.

Betroffen sind Linde, Ahorn, Eiche und andere Bäume. Gallmilben können leicht durch Entfernen und Vernichten der befallenen Blätter reduziert werden.

### Insekten

Insekten erkennt man an einem dreigeteilten Körper und den drei Beinpaaren. Sie lassen sich, zum Beispiel nach ihrem Entwicklungszyklus in verschiedene Gruppen einteilen:

**Blattläuse:** Diese oft sehr zahlreich auftretenden Sauger zeichnen sich durch interessante Entwicklungs- und Fortpflanzungszyklen und variantenreiche Überlebenskonzepte aus.
Das aus dem Winterei schlüpfende Larvenstadium ist in der Lage, sich ungeschlechtlich durch das Gebären von geflügelten und ungeflügelten weiblichen Individuen zu vermehren. Diese gebären schließlich die sich sexuell fortpflanzenden männlichen und weiblichen geflügelten oder ungeflügelten Endstadien, deren Weibchen die Wintereier ablegen.
Eine Bekämpfung kann durch vorbeugende Spritzung mit Winteröl im zeitigen Frühjahr erfolgen. Bei Befall erreicht man eine Dezimierung durch Abwaschen mit einem harten Wasserstrahl oder anderen ungiftigen Maßnahmen. Ist der Befall sehr stark, sollte ein nützlingsschonendes Spritzmittel verwendet werden.

**Schildläuse:** Schildläuse sind leicht an ihren kuppelförmigen Schutzschilden zu erkennen. Unter diesen werden auch die Eier abgelegt. Die schlüpfenden Larven entwickeln sich über mehrere unterschiedlich bewegliche Larvenstadien zu den sich geschlechtlich durch Eiablage fortpflanzenden Endstadien. Die Männchen können geflügelt sein. Schildläuse treten manchmal massenhaft auf. In milden Wintern oder frostgeschützten Winterquartieren können sie weitersaugen und sind dann für das Absterben einjähriger Äste verantwortlich.
Schildläuse können durch Absammeln oder Putzen von Stamm und Ästen mit einer Zahnbürste reduziert werden. Vorbeugend bekämpft man sie durch eine Spritzung mit Winteröl. In besonders hartnäckigen Fällen wird die Pflanze mit einem Gift gegen saugende Insekten behandelt.

**Schmetterlinge:** Sie schaden der Pflanze durch die Fresslust ihrer Larven, die allgemein als Raupen bezeichnet werden. Diese fressen, nachdem sie das Ei verlassen haben unaufhörlich, meist am Blatt, in selteneren Fällen auch im Holz. Nach mehreren Häutungen verpuppen sie sich und entwickeln sich zu den eigentlichen Faltern, die sich wieder durch Eiablage fortpflanzen. Eine Bekämpfung ist leicht durch das Absammeln und Vernichten der Larven möglich. Beim Auftreten von nur einzelnen Tieren sollte man darüber nachdenken, ob man ihnen nicht eine Chance zur Entwicklung bis zum Falter lässt, da man selbst ohnehin mehr vom Bonsai abschneidet, als die Raupe fressen kann.

**Käfer:** Verschiedene Blattkäfer oder auch Rüsselkäfer fallen unangenehm an unseren Bäumen auf, weil sie nicht nur das Laub anfressen, sondern manche Larven auch vor den Wurzeln keinen Halt machen, ja sogar ausschließlich von diesen leben. Die aus dem Ei schlüpfende Larve frisst und wächst nicht selten über mehrere Jahre nach einigen Häutungen zu einer Größe heran, bei der sie sich schließlich verpuppt. Der geschlüpfte Käfer frisst meist ebenfalls an der gleichen Pflanze.
Eine Bekämpfung ist in den meisten Fällen durch das Absammeln der Tiere eventuell auch im Wurzelbereich möglich.

**Blattwespen und Minierfliegen:** Die Larven der Blattwespen sowie mancher Fliegen leben ebenfalls von bestimmten Pflanzenteilen. Sie sehen oft wie Schmetterlingsraupen oder Nacktschnecken aus oder leben in einem Gallengewebe. Wegen der geringen Größe eines Bonsai sind sie durch Absammeln leicht zu entfernen.

▲ Blattkäfer und ihre Larven fressen an den Blättern. Sie können abgesammelt werden.

▲ Auch die Larven der Kiefernkultur-Gespinstblattwespe, die Nadeln fressen, können manuell entfernt werden.

▼ Treten die Larven der Kiefern-Buschhornblattwespe in großen Mengen auf, kann eine chemische Bekämpfung notwendig werden.

# Bezugsquellen und Adressen

Viele Gartencenter und Baumärkte bieten einfache Zimmerbonsai an. Ausführliche Beratung, junge und anspruchsvolle Pflanzen sowie Zubehör und Service erhält man im Bonsaifachhandel. Hier ein Auswahl guter Adressen:

Bonsai-Studio
Host Daute
Empelder Str. 96
30455 Hannover
Tel. + Fax: 0511-32 32 58

Bonsai-Schule Enger
Hermann Pieper
Feldstr. 21
32130 Enger
Tel.: 0 52 24-58 79
Fax: 0 52 24-79 03 50
www.bonsaischule.de

Bonsai-Werkstatt
Werner M. Busch
Hammer Dorfstr. 167
40221 Düsseldorf
Tel.: 0211-30 67 73
Fax: 0211-3 98 54 73
www.bonsaiwerkstatt.de

Bonsai Park Remscheid
Kölner Str. 112
42897 Remscheid-Lennep
Tel.: 0 21 91-59 05 70
Fax: 0 21 91-6 59 24
www.bonsaipark.de

Bonsai Zentrum Wilfried Geßner
Weseler Str. 333
47495 Rheinberg-Borth
Tel.: 028 03-9 30 22
Fax: 0 28 03-9 30 88

Garten & Bonsai
Ralf Beckers
Industriestr. 43
47803 Krefeld
Tel. + Fax: 0 21 51-75 17 15

Bonsai Zentrum Münster
Dipl. Ing. Wolfgang Klemend
Weseler Str. 57
48151 Münster
Tel.: 0251-526499
Fax: 0251-531541
www.bonsai.de

Bonsai-Garten Pulheim
Franz-Josef Thönnessen
Christian-Klausmann-Str. 6
50259 Pulheim-Stommeln
Tel.: 0 22 38-25 94

Bonsai Galerie Rüger
Neuer Weg 9
61137 Schöneck-Kilianstädten
Tel.: 0 61 87-85 79
Fax: 0 61 87-9 15 73
www.bonsai-rueger.de

Bonsai Design
Udo Fischer
Oberdorfstr. 33–35
69245 Bammental
Tel.: 0 62 23-4 67 91
www.bonsai-design.de

Beck-Bonsai Karlsruhe
Josef-Schmitt-Str. 27
76187 Karlsruhe
Tel.+ Fax: 0721-75 89 18

Bonsai Stube
Manfred Roth
Antogasterstr. 11
77728 Oppenau
Tel.: 0 78 04-5 96
Fax: 0 78 04-91 06 81
www.bonsai-roth.de

Bonsai-Studio
Hans und Rosa Kastner
Eichenstr. 11
86477 Adelsried
Tel.+ Fax: 0 82 94-15 25
www.bonsai-kastner.de

Chiisana-en Hofstetten
Seedorfstr. 23
86928 Hofstetten
Tel.: 0 81 96-12 73
www.bonsaigarten.de

Bonsai-Centrum München
Peter Czapka
Schleißheimer Str. 458
80935 München
Tel.: 0 89-313 10-26 oder 27
Fax: 0 89-3 13 56 19

**Schweiz**

Baumschule Zulauf
Bonsaizentrum
CH-5107 Schinznach-Dorf
Tel.: + 41 (0 56) 4 63 62 72
www.baumschule.ch

Bonsai-Japan
K. Peter GmbH
CH-8156 Oberhasli
Schmidhaldenstr. 15
Tel.: + 41 (0 44) 8 51 27 77
E-mail: info@bonsai-japan.ch

Bonsaigarten Rufer
CH-8738 Uetliburg
Sonnenhaldenstr. 10
Tel.: + 41 (0 55) 2 90 18 90
www.bonsaigarten.ch

**Österreich**

Bonsai-Museum, Japan Bonsai
Günther Klösch
A-9871 Seeboden
Schlossau 44
Tel.: + 43 (0) 47 62-8 19 47
www.bonsai.at

**Adressen**

Kontakte zu Bonsai-Arbeitskreisen über:
Bonsai-Club Deutschland e.V.
Geschäftsstelle: Axel Pauch
Duisburger Str. 83 B
Tel.: 02 03-5 18 03 62
E-Mail:
axel.paduch@t-online.de
www.bonsai-club-deutschland.de

Allgemeine und aktuelle Informationen zum Thema Bonsai finden Sie über www.bonsai-aktuell.de

# Stichwortverzeichnis

Zahlen mit * verweisen auf Abbildungen

---

**Bildnachweis**

Busch B.: 1, 2/3, 8, 9, 10o, 10u, 11o, 11ul, 11ur, 12, 14o, 14ul, 15ul, 15ur, 17, 19, 20/21, 26, 30ul, 30ur, 31o, 31u, 32o, 32ul, 32ur, 33o, 33m, 33u, 35, 36l, 38o, 39ol, 39or, 39u, 43o, 43u, 45, 46r, 47or, 48ol, 48or, 49ur, 49ul, 50u, 51l, 51r, 55, 56, 57ol, 57or, 57u, 59ol, 61m, 62, 63ol, 65, 66, 67o, 67ul, 67ur, 69u, 71u, 81, 82ol, 83o, 83u, 85o, 86l, 86r, 73, 74, 75ol, 75u, 76, 77o, 78ol, 78ul, 79o, 89, 91o, 91u, 92or, 92ul, 92ur, 93o, 94, 95o, 95ur, 99, 101o, 102ol, 102u, 103u, 104u, 105r, 106l, 106r, 107o, 109, 110l, 110r, 111o, 111ul, 111ur, 112o, 112u, 113o, 113u, 114r, 115ol, 115or, 115u, 116o, 117r, 120r, 121o, 121m, 122/123, 125, 127or, 127ur, 128o, 129ul, 131o, 132, 135ol, 135u
Busch W.: 10m, 13, 14ur, 15o, 16ul, 16ur, 22, 23, 25, 36r, 37o, 38u, 40, 41o, 41u, 42, 58o, 58u, 59or, 60, 61o, 61u, 63or, 68, 69o, 71o, 82ul, 82ur, 85u, 87u, 77m, 77u, 79u, 87o, 90o, 95ul, 96, 97o, 97u, 100l, 104o, 107u, 117o, 117u, 127ol, 131u, 135or, 136o, 136u, 137o, 137u, 138o, 138ur, 138m, 138ul, 139o, 139m, 139u
Kastner: 7, 37u, 47u, 49o, 53o, 101u
Meyer-Horn: 46l, 48u, 52, 53u, 59u, 75or, 90u, 93u, 100r, 102or, 103o, 105l, 114l, 116u, 119, 120l, 121ul, 121ur, 123o, 124, 126r, 126l, 127ml, 128u, 129o, 129ur, 130o, 130u, 133, 134, 137m
Pall: 78r
Schudde: 63u, 84
Zachozky: 47ol, 70

Grafiken: Werner M. Busch
Umschlagfotos: Vorderseite Bastian Busch
Rückseite: Werner Busch (links), Bastian Busch (rechts)

Bibliografische Information Der Deutschen Bibliothek

Die Deutsche Bibliothek verzeichnet diese Publikation in der Deutschen Nationalbibliografie; detaillierte bibliografische Daten sind im Internet über http://dnb.ddb.de abrufbar.

BLV Buchverlag GmbH & Co. KG
80797 München



Umschlaggestaltung: Anja Masuch, Fürstenfeldbruck
Layoutkonzept: fuchs_design, Ottobrunn

Lektorat: Dr. Thomas Hagen
Herstellung: Hermann Maxant

Layout: Anton Walter, Gundelfingen
DTP: agentur walter, Gundelfingen

Printed in Germany · ISBN 978-3-8354-0218-8

# Eine kleine Auswahl aus unserem Programm

Ute Bauer
**Mein Garten am Abend**
Die Abendstimmung im Garten genießen: Sitzplätze, Nachtblüher, Nachtdufter, Wärmespender, Sicht- und Windschutz, stimmungsvolle Lichteffekte, schöne und nützliche Accessoires.
*ISBN 978-3-8354-0147-1*

Andrea Christmann
**Kleine Gärten gestalten**
Die Gestaltung kleiner Gärten und optische Tricks für mehr Größenwirkung; konkrete Pläne für Vorgärten, Reihenhaus- und Reiheneckhaus-Gärten; Neuanlage und Umgestaltung in der Praxis.
*ISBN 978-3-8354-0094-8*

Rosa Wolf
**Kinder im Garten**
Aus der Gartentraum-Werkstatt: Baumhaus, Weidentunnel, Kletterbaum usw.; Kinderspaß Gärtnern: pflanzen, pflegen und ernten; rund ums Jahr: spielen, basteln, feiern und toben; Natur und Tiere beobachten, Nisthilfen, Futterstationen.
*ISBN 978-3-8354-0055-9*

Rosa Wolf
**Party-Garten**
Alles, was wichtig ist, damit die Gartenparty gelingt: Planung, Vorbereitung, Bodenbelag, Wind- und Sonnenschutz, Wärmespender, Beleuchtung usw.; Themen für Feste von Frühjahr bis Herbst mit Dekoideen und Rezepten.
*ISBN 978-3-8354-0145-7*

Rosa Wolf/Fotos: Ursel Borstell
**Gartenpflanzen Praxis-Handbuch**
Über 450 Gartenpflanzen in detaillierten Porträts mit Partnerpflanzen, Verwendungs- und Pflegetipps; Gestaltungen für alle typischen Bereiche des Hausgartens mit Pflanzplänen und Pflegekalender.
*ISBN 978-3-8354-0167-9*

Marie-Luise Kreuter
**Der Biogarten**
In Neuausgabe: das unentbehrliche Standardwerk zum naturgemäßen Gärtnern; einzigartiges Know-how von Deutschlands bekanntester Biogärtnerin; komplett aktualisiert: das im Handel erhältliche Pflanzensortiment; mit Beilage »Pflanzenschutz-Kompass«.
*ISBN 978-3-8354-0198-3*

**Die zuverlässigen Berater**

**BLV Bücher bieten mehr:**

- mehr Wissen
- mehr Erfahrung
- mehr Innovation
- mehr Praxisnutzen
- mehr Qualität

Denn 60 Jahre Ratgeberkompetenz sind nicht zu schlagen!

Dass Sie sich gut beraten fühlen – das ist unser Ziel. Falls Sie Fragen und/oder Anregungen haben, schreiben Sie uns bitte:

**BLV Buchverlag GmbH & Co. KG**
Lektorat · Lothstraße 19
80797 München
Postfach 40 02 20
80702 München
Telefon 089/12 02 12-0 · Fax -121
E-mail: blv.verlag@blv.de

Unser Buchprogramm umfasst über 750 Titel zu den Themen **Garten · Natur · Heimtiere · Jagd · Angeln · Sport · Golf · Reiten · Alpinismus · Fitness · Gesundheit · Kochen.** Ausführliche Informationen erhalten Sie unter **www.blv.de**

blv

**Mehr Erlesen!**